Der Gesang der Vögel

von Dominic Couzens
ILLUSTRIERT VON Madeleine Floyd

Ins Deutsche übersetzt von Vanessa Kreitlow

Der Gesang der Vögel

GROH

Inhalt

Einleitung

VOGELGESANG KANN – FÜR DIEJENIGEN VON UNS, DIE IN seinen Genuss kommen – eine der größten Freuden im Leben sein. Er ist ein kostbares und dennoch kostenloses Geschenk. Man muss für ihn keinen Eintritt oder sonstiges Geld bezahlen, obwohl geführte Exkursionen oder eine App zum Wiedererkennen der unterschiedlichen Arten hilfreich sein können. Vogelgesang ist allgegenwärtig; man kann ihm auf der ganzen Welt lauschen – vielleicht mal abgesehen von lebensfeindlichen Wüsten, Polarregionen und dem offenen Meer. Selbst inmitten geschäftigster Stadtzentren kann man Vögel hören, wenn man die Ohren spitzt. Und die meisten Menschen erfreuen sich daran. Nur selten wird man jemandem begegnen, der sich über Vogelgesang beschwert – es sei denn, die betreffende Person wurde zu nachtschlafender Zeit davon geweckt. Aber selbst in solchen Fällen wird dem Störenfried oft schnell vergeben.

Auch auf den Jahresverlauf bezogen ist Vogelgesang ein universelles Phänomen. In weiten Teilen der Welt sind Ausmaß und Besetzung des Morgenkonzerts saisonal bedingt, aber der Vogelgesang an sich verschwindet nie vollständig. Es gibt immer einen Vogel, der ruft, und sei er noch so einsam. Wenn der Gesang auf einer Seite der Welt abnimmt, geht das oft mit einem Crescendo auf der anderen einher: Die Vögel der Nordhalbkugel mögen im Sommer und Herbst stiller werden, dafür wärmen ihre Pendants auf der Südhalbkugel, wo es zur selben Zeit Winter beziehungsweise Frühling ist, ihre Stimmen auf. In tropischen Regionen fällt die beste Saison für Vogelgesang mit der Regenzeit und damit der Brutzeit der meisten Vogelarten zusammen. Dieses Buch zeichnet ein authentisches Porträt des weltweiten Vogelgesangs im Verlauf eines ganzen Jahres.

Vorgestellt werden 52 eingängige Gesänge, je einer für jede Woche des Jahres. Die Arten und ihre Rufe wurden aus unterschiedlichsten Gründen ausgewählt, und nicht alle Lautäußerungen würde man unbedingt als „melodisch" bezeichnen. Manche passen zur jeweiligen Jahreszeit, zu anderen gibt es spannende Forschungsergebnisse zu berichten. Manche Gesänge entfalten ihre Wirkung erst im Zusammenspiel mit uns als Zuhörenden. Es gibt zahlreiche Geschichten und Meisterwerke der Literatur, die von Vogellauten inspiriert wurden. Und so mancher Gesang ist in der Lage, uns an einen völlig anderen Ort zu versetzen.

Obwohl dieses Buch Arten aus der ganzen Welt enthält, habe ich meist zugunsten von Arten entschieden, die Lesenden in Europa und Nordamerika wohlbekannt sein dürften. Das hat zum einen rein kommerzielle Gründe – auf Madagaskar mag es wunderbarste Vogelgesänge geben, aber die meisten Menschen werden es vorziehen, etwas über Vögel zu lesen, deren Gesang sie kennen oder sich zumindest vorstellen können. Der andere Grund ist der, dass der Großteil der Vogelgesangforschung bisher in diesen Breitengraden stattgefunden hat und deshalb bis vor Kurzem die meisten interessantesten Geschichten und Erkenntnisse von hier kamen.

Ich habe mich in diesem Buch bemüht, die Lautäußerungen der Vögel so zu beschreiben, dass alle Lesenden durch meine Schilderungen oder mithilfe von Merksätzen zumindest einen ersten Eindruck des tatsächlichen Geräuschs gewinnen können. Man kann dieses Buch von vorne bis hinten lesen, ohne auch nur einmal die Ohren benutzen zu müssen. Aber meiner

Meinung nach gibt es keinen Ersatz für das tatsächliche Hören, und deshalb enthält dieses Buch QR-Codes für jede Vogelart. Ich empfehle außerdem Vogelgesangs-Apps (Merlin z. B. deckt den Großteil der Welt ab) oder Websites wie Xeno-Canto. Auch auf YouTube und im restlichen Internet lassen sich leicht und schnell viele Vogelstimmen finden.

Bevor es an die einzelnen Beschreibungen geht, sollte ich noch einige wichtige Begriffe erläutern, die ich im Buch verwende, und erklären, aus welchen Gründen Vögel überhaupt singen, damit es später nicht zu Verwirrungen kommt.

Dieses Buch heißt zwar *Der Gesang der Vögel,* aber nicht alle der beschriebenen Geräusche sind streng genommen „Gesänge". Das liegt daran, dass Menschen, die gerne Vögel beobachten, eine (meist ungenaue) Einteilung in Gesang und Ruf vornehmen. Die Unterscheidung ist zum Teil rein deskriptiv, aber auch der biologische Grund für die jeweilige Lautäußerung spielt eine große Rolle.

Für diejenigen von uns, die genau hinhören, entspricht ein GESANG in der Regel komplexen Tonfolgen, die mehrere Sekunden andauern. Gesänge umfassen mehrere Silben und können als Sätze oder, je nach Vogel, sogar als Absätze bezeichnet werden. Auf der anderen Seite können Vögel auch weniger komplexe Geräusche von sich geben; nur einzelne Wörter oder Silben, Triller oder Schreie. Dies sind RUFE und Teil des einfacheren Vokabulars eines Vogels.

Vogelgesang ist in der Regel von der Jahreszeit abhängig. Komplexere Tonfolgen treten rund um die Brutzeit auf. Bei vielen Arten ist zumindest ein Teil des Gesangs erlernt. Bei einem Großteil der Arten, insbesondere in gemäßigteren Klimazonen, singen hauptsächlich oder sogar ausschließlich die Männchen. Der Gesang verfolgt zwei Zwecke: Einerseits will das Männchen sein Revier gegen Artgenossen verteidigen, andererseits will es mit seinem Gesang (entweder demselben oder einem anderen) Weibchen auf sich aufmerksam machen und sich im Idealfall mit ihnen fortpflanzen. Es gibt zahlreiche Variationen dieser Zwecke, aber diese grundsätzliche Erklärung sollte schon viele Fragen beantworten.

Obwohl die meisten Vögel und vor allem solche, die im Wald oder Buschland leben, von einer Singwarte aus singen, singt ein kleiner Teil auch vom Boden aus oder während des Flugs in der Luft. Solche Gesänge, die teilweise oder komplett während des Fliegens produziert werden, nennt man Fluggesang; das Verhalten, in dessen Rahmen diese Gesänge produziert werden, Singflug.

Rufe hingegen werden in zahlreichen Situationen verwendet und können hochspezifisch sein, beispielsweise können sie die Paarung initiieren. Sie können aber auch allgemeingültiger sein und zum Beispiel der Warnung dienen. Rufe werden in der Regel nicht erlernt, sondern sind angeboren.

Das Ganze wird komplizierter, wenn Vögel ins Spiel kommen, die eigentlich keine Singvögel sind, aber Laute von sich geben, die sich nur schwer als etwas anderes als Gesang bezeichnen lassen. Vögel kann man in viele verschiedene Gruppen einteilen, wovon die größte die der Sperlingsvögel sein dürfte – und zwar mit Abstand. Mehr als 60 % aller Vogelarten weltweit sind Sperlingsvögel, darunter auch uns wohlbekannte Arten wie Spötter, Finken, Meisen, Drosseln und Schwalben. Sperlingsvögel verfügen nicht nur über drei nach vorn gerichtete Zehen und eine nach hinten gerichtete Zehe, wodurch sie sich hervorragend festhalten können, sondern gelten auch als die wichtigsten Singvögel. Das liegt am Aufbau ihres Lautbildungsorgans, des Stimmkopfs, welcher sich am unteren Ende der Luftröhre befindet, wo diese sich in die beiden Hauptbronchien der Lungen aufteilt. Der Stimmkopf von Sperlingsvögeln ist wesentlich komplexer und weiter entwickelt als der anderer Vogelarten und verfügt über zusätzliche Ringe, Muskulatur und so weiter. Dies macht ihn zu einem Meisterwerk der Natur und die Sperlingsvögel zu etwas ganz Besonderem.

Aber das Nichtvorhandensein eines hoch entwickelten Stimmkopfes bedeutet nicht, dass Nichtsperlingsvögel keine Laute von sich geben können, um ihr Revier zu verteidigen oder Geschlechtspartner anzulocken. Vogelarten wie Kuckuck und Taube machen ganz eindeutig Geräusche, sogar laute und atmosphärische. Aber ihr „Gesang“ ist geerbt, und obwohl sich die Stimmen von Individuen oft unterscheiden lassen, können diese Vögel ihren Gesang nicht durch Lernen verändern.

Ich würde gerne noch ein weiteres fachliches Detail klären. Vogelgesang ist komplex, insbesondere, wenn man ganz genau hinhört, und gelegentlich wird er in verschiedene Teile aufgeschlüsselt. Es gibt beispielsweise Vögel, die einzelne Teile ihres Gesangs immer wieder wiederholen. Diese Teile nennt man PHRASEN. Innerhalb einer Phrase gibt es oft einfach auseinanderzuhaltende Sektionen, die teilweise aus mehreren Silben bestehen. Diese Sektionen nennt man ELEMENTE oder STROPHEN, und sie sind quasi die Zutaten des Gesangsrezepts.

Zuletzt möchte ich kurz ein berühmtes Phänomen erklären, das oft in diesem Buch erwähnt wird, jedoch kein eigenes Kapitel hat, und das ist das MORGENKONZERT der Singvögel. An ihm sind stets mehrere Arten beteiligt. Und obwohl das Phänomen weltweit auftritt und ihm viel Aufmerksamkeit geschenkt wird, kennen nur wenige Menschen seinen Anlass. Wieso fangen Vögel also schon vor der Dämmerung, wenn es noch komplett dunkel ist, an zu singen?

Zur Beantwortung dieser Frage wurden verschiedene Hypothesen aufgestellt. Erstens sind Töne zur Dämmerungszeit oft über weitere Entfernungen zu hören, entweder aufgrund der atmosphärischen Bedingungen oder weil kaum andere Geräusche (beispielsweise menschliche) vorhanden sind. Zweitens ist das Singen während der Dämmerung verhältnismäßig sicher, denn nachtaktive Jäger beenden zu dieser Zeit ihre Jagd, und tagaktive Jäger sind noch nicht unterwegs. Drittens ist es vor der Dämmerung zu dunkel, um Futter zu suchen – eine gute Gelegenheit also, um anderen Aktivitäten, zum Beispiel dem Singen, nachzugehen.

Aber diese Hypothesen können das Phänomen nicht in seiner Gänze erklären, denn keine von ihnen kann als Auslöser gesehen werden; sie begünstigen den Gesang nur. Sicherlich liegt dem Morgenkonzert auch ein Zwangselement zugrunde. Nach der Nacht ist es unter Umständen eine gute Idee, Revier und Geschlechtspartner zu verteidigen, indem man andere daran erinnert, dass man noch da ist. Frei gewordene Posten werden nämlich sofort entdeckt und bei einem Mangel an Verteidigung schnell eingenommen.

Und dann wäre da noch die Wirkung auf das Weibchen. Der Höhepunkt des morgendlichen Singens einer Vogelart im Jahresverlauf geht oft mit der Eiablage einher, also dem Zeitpunkt, zu dem das Weibchen besonders fruchtbar ist. Zudem wird während der Morgendämmerung am lautesten gesungen, also dann, wenn gerade ein Ei gelegt wurde. Während dieser Zeit muss das Männchen wachsam, laut und für das Weibchen nicht zu ignorieren sein. Ein Männchen, das vor der Dämmerung nicht in der Nähe des Nests laut singt, wird früher oder später wahrscheinlich feststellen müssen, dass es die Gunst seiner Partnerin verloren hat. Die Angst des Männchens vor dem Verlust seiner Vaterschaft mag nicht die erhebendste Erklärung für das Morgenkonzert sein, aber es ist definitiv eine interessante Theorie.

Vogelgesang ist aber nicht nur interessant, sondern vor allem schön und herzergreifend. Ich hoffe, dass diese Beschreibung, in kleinerem Maße, ebenso auf dieses Buch zutrifft.

WOCHE 1

Grünschlüpfer

Acanthisitta chloris

NEUSEELAND, 7–9 cm

IN EINEM BUCH ÜBER VOGELGESANG MAG ES seltsam anmuten, mit einem Vogel zu beginnen, dessen Laute sich kaum als Gesang bezeichnen lassen. Sollten wir das Jahr nicht lieber mit einem Paukenschlag oder einer aus vollem Hals geschmetterten Ode beginnen, damit kein Auge trocken bleibt? Warum dem Piepsen eines Grünschlüpfers lauschen, einem Zwerg, der in den grünen Buchenwäldern des südlichen Neuseelands lebt? Gibt er doch lediglich einen hohen „Twiet"-Laut von sich, den nur gespitzte Ohren hören können.

Ja, warum? Nun, selbst die besten Dinge müssen einmal klein (und leise) anfangen. Die besten Neujahrsvorsätze sind nicht die, die wir lauthals vor anderen verkünden, sondern die geflüsterten Hoffnungen.

Wer den Grünschlüpfer an einem kühlen Morgen an einem Berghang

Sie ähneln nämlich sehr wahrscheinlich den ersten Lauten, die ein Singvogel jemals von sich gegeben hat; eine Art Totengesang für alle nicht vogelähnlichen Dinosaurier.

in Neuseeland bei der Futtersuche und beim Rufen beobachtet, sieht nur einen winzigen Vogel, lauscht aber einer Stimme aus fernster Vergangenheit. Die leisen Laute dringen direkt in unsere Seele vor. Sie ähneln nämlich sehr wahrscheinlich den ersten Lauten, die ein Singvogel jemals von sich gegeben hat; eine Art Totengesang für alle nicht vogelähnlichen Dinosaurier.

Der Grünschlüpfer gehört der ältesten noch lebenden Singvogelgattung an – oder zumindest der nach aktuellem Kenntnisstand ältesten Gattung der originalen Singvogel-Abstammungslinie, die sich vor rund 60 Millionen Jahren entwickelt hat. Diese Gattung, die Stummelschwänze, trennte sich vor etwa 55 Millionen Jahren von ihren Vorfahren. Die Stummelschwänze haben das einfachste Lautbildungsorgan (Stimmkopf) aller Singvögel. Es besitzt keine eigenen Muskeln und sitzt in der Luftröhre. Im Körper des winzigen Grünschlüpfers und seinem Ruf steckt also die Grundlage all der schönen Vogelgesänge, die wir heute hören können.

Vor nicht allzu langer Zeit nahm die Wissenschaft noch an, dass sich Sperlingsvögel irgendwo in der nördlichen Hemisphäre entwickelt hätten. Aber durch DNS-Sequenzierungen und durch die Betrachtung der Paläogeografie der sich verschiebenden Kontinente fand man heraus, das dem nicht so ist. Überraschung! Vogelgesang, so wie wir ihn kennen, stammt aus dem Teil Gondwanalands, der heute Australasien ist.

Das bedeutet, dass unsere geschätztesten Singvögel – Lerchen und Spötter, Drosseln und Nachtigallen, Zaunkönige und Spottdrosseln, Rotkehlchen und Rötel, Timalien, Meisen und Finken – ihre Gesangskünste Vögeln verdanken, die ihre Schnäbel zum ersten Mal in südlichen Gefilden öffneten. Das Morgenkonzert, das Melodram des Frühlings, der Gesang zur

Vogelgesang, so wie wir ihn kennen, stammt aus dem Teil Gondwanalands, der heute Australasien ist.

Revierverteidigung, die Duette, der Soundtrack der Wildnis: All das nahm seinen Anfang in Australien.

Ebenso wie unser Jahr. Jeder neue Tag beginnt in Ozeanien und bewegt sich immer weiter westwärts. Neuseeland ist einer der ersten Orte auf der Welt, die das Licht eines neuen Jahres erblicken. Und wahrscheinlich sind Grünschlüpfer seit Jahrtausenden mit die ersten, die das Jahr mit ihren leisen Rufen begrüßen. Reicht das als Paukenschlag?

WOCHE 2

Singdrossel

Turdus philomelos

WESTEUROPA BIS ZENTRALASIEN, 20–23 cm

ES IST JEDES JAHR DASSELBE. VON JETZT AN bis mindestens April. Durch die Gärten Deutschlands und Nordeuropas schallt ein süßer Gesang, der alle verwirrt.

„Ich habe diesen lauten Vogelgesang in meinem Garten gehört", sagt mir jemand aus meiner Nachbarschaft. „Was für ein Vogel war das?" Oder: „Jeden Morgen weckt mich dieser Vogel, wenn es noch dunkel ist. Ich habe alle Vogelstimmen-Apps ausprobiert und habe immer noch keine Ahnung, wer der Übeltäter ist." Und die Antwort lautet immer: Singdrossel. Wirklich.

Der Grund, warum viele vom Gesang der Singdrossel verwirrt sind, ist der, dass die meisten Menschen nur kleine, scheinbar charakteristische Gesangteile hören und glauben, die Antwort müsse völlig offensichtlich sein. Aber hier liegt ein klassischer Fall von Voreiligkeit vor. Wenn alle die Singdrossel ihren normalen Gesangsrhythmus vorführen ließen, wäre sie ganz leicht zu erkennen. Man muss ihr einfach Zeit lassen.

Folgendermaßen wird der Gesang der Singdrossel in einem Vogelführer beschrieben: „Laut, vielfältig und mit einer ihm eigenen Tendenz zur rhythmischen Wiederholung von Phrasen." Aber viel besser und zudem mit einiger Poetik hat es der englische Romantikdichter Robert Browning 1845 in seinem Gedicht *Home Thoughts from Abroad* beschrieben:

Die kluge Drossel ist's, die alles zweimal singt!
Wenn man denkt, die schöne Weise sei verklungen,
Ist ihr die Wiederholung schon gelungen.

Der Clou der Singdrossel ist also, dass sie jede Phrase (oder Strophe) mehrmals wiederholt, und zwar in gemäßigtem Tempo, als hätte sie sie auswendig gelernt. Anschließend geht sie zur nächsten Phrase über, die wieder wiederholt wird, und so weiter und so fort. Wir Menschen hören also zum Beispiel: „Ich bin's, ich bin's, ich bin's! Die Singdrossel, die Singdrossel, die Singdrossel! Hört nur, hört nur! Hier bin ich, hier bin ich, hier bin ich, hier bin ich ..." Einzelne Singdrosseln können mehr als 200 Phrasen in ihrem Repertoire haben, singen aber mit Vorliebe ihre Favoriten.

Die Singdrossel singt früh – früh im Jahr und früh am Tag.

Weiterhin zeichnet den Gesang der Singdrossel aus, dass er laut und klar ist, wodurch er schnell heraussticht und uns aufmerken lässt, selbst wenn unsere Ohren nicht für Vogelgesang geschult sind.

Dass die Fragen, die sich mit „Singdrossel" beantworten lassen, sich im Januar häufen, liegt daran, dass die Singdrossel so früh singt – früh im Jahr und früh am Tag. Am schönsten ist ihr Gesang, wenn sich der Himmel langsam aufhellt oder verdunkelt. Die Singdrossel ist von Natur aus ein Vogel, der sein Futter in der Dunkelheit sucht, deshalb fühlt sie sich vor der Morgen- und während der Abenddämmerung am sichersten. Zu diesen Zeiten ist die Singdrossel oft die einzige Stimme oder teilt sich die Bühne mit dem Rotkehlchen (s. S. 157), aber auch in diesem Fall ist sie deutlich auszumachen. Wenn also müde Menschen ihre Rollläden hochziehen oder sich in aller Frühe auf den Arbeitsweg machen, ist dieser Gesang ihre Begleitung.

Über die Singdrossel und ihren Gesang gibt es mehrere interessante Besonderheiten zu berichten. Die Singdrossel beginnt mit ihrem Gesang manchmal bereits im November, Monate vor den meisten anderen Standvögeln, wahrscheinlich, um ein Revier für die künftige Brutsaison zu etablieren. Auch der Gesangshöhepunkt liegt früh im Jahr. Und ungewöhnlicherweise scheinen Singdrosseln abgesehen vom Gesang kein Balzverhalten zu haben, das die Verpaarung einleiten oder die Bindung zwischen dem Paar festigen würde. Ebenso ungewöhnlich ist, dass das Männchen, außer zur Morgen- und Abenddämmerung, aufhört zu singen, sobald es ein Weibchen gefunden hat. Eine weitere Besonderheit ist ein spätes Wiederaufleben des Gesangs im Mittsommer, vielleicht aufgrund dessen, dass die Jungvögel zum ersten Mal ihre Stimmen ausprobieren (s. Buchfink, S. 29).

Es scheint also, dass die Antwort „Singdrossel“ manchmal nur noch mehr Fragen aufwirft.

WOCHE 3

Virginia-Uhu

Bubo virginianus

NORD- UND SÜDAMERIKA (AUSSER AMAZONIEN), 46–63 cm

DER WINTER HAT DIE WÄLDER DES NORDENS fest im Griff, die Nächte sind klirrend kalt und scheinbar endlos. Die Vorstellung, irgendetwas könnte hier überleben oder gar gedeihen, ist geradezu absurd. Aber für den mächtigen Virginia-Uhu beginnt nun die Brutsaison, selbst in den Regionen, die an den Polarkreis grenzen.

Der feierliche, einem Nebelhorn ähnelnde Gesang dieses Uhus ist weit zu hören und durchdringt die längsten Winternächte und frostigsten Wälder. Das Männchen unterteilt seinen fünfsilbigen Ruf nicht – ein möglicher Merksatz könnte sein: „Komm ... mir ... nicht ... zu ... nah." Das darf man ruhig wörtlich nehmen. Virginia-Uhus sind extrem territorial und dafür bekannt, hartnäckige Eindringlinge zu töten.

Aber der klagende Ruf verfolgt noch einen weiteren Zweck, der umso eindeutiger zutage tritt, wenn, wie häufig zu dieser Jahreszeit, die Weibchen ihre Rufe mit denen der Männchen vereinen. Obwohl die Weibchen einen größeren Körper haben, sind ihre Stimmen höher. Außerdem bestehen ihre Rufe oft aus mehr Silben. In der Regel beginnt das Männchen ein Duett, dann ruft das Weibchen, dann wieder das Männchen und so weiter, und manchmal fangen beide an, bevor ihr Gegenüber geendet hat.

In diesem Duett geht es natürlich ums Zusammensein. Virginia-Uhus gehen lange, wahrscheinlich sogar lebenslange Partnerschaften ein. Gemeinsam leben sie in dem ihnen eigenen Revier.

Im späten Januar legen manche Weibchen ihr erstes Ei, manche lassen sich aber auch bis Mitte März Zeit. Man geht davon aus, dass die Eiablage so früh im Jahr stattfindet, damit der Jungvogel vor dem nächsten Winter genügend Zeit hat, um das Jagen zu erlernen. Doch die Bedingungen können hart sein: Es wurden schon Virginia-Uhus entdeckt, die bei Temperaturen von –30 °C brüten.

In diesem Duett geht es natürlich ums Zusammensein. Virginia-Uhus gehen lange, wahrscheinlich sogar lebenslange Partnerschaften ein.

Virginia-Uhus sind hervorragende Jäger. Sie warten in der Dunkelheit auf ihrem Ansitz darauf, dass sich am Erdboden irgendetwas bewegt. Dann stürzen sie sich auf ihr Ziel und töten die Beute mit ihren Krallen. Virginia-Uhus sind nicht wählerisch und jagen hauptsächlich Säugetiere, von kleinen Nagetieren bis hin zu Kaninchen und Hasen sowie Vögeln aller Arten und Größen – der Legende nach machen sie selbst vor Truthähnen nicht halt. Wenig überraschend sein dürfte, dass Virginia-Uhus für ihre Seh- und Hörfähigkeit bekannt sind; ihre Nachtsicht ist mindestens dreimal so gut wie die von Menschen (die im Vergleich schon recht gut ist). Ihre Augen sind voller ultra-empfindlicher Stäbchenzellen, die bei schlechten Lichtverhältnissen für Kontrast sorgen. Ihre Ohren sind zweifellos besser als die von Menschen, und das müssen sie auch sein, denn Virginia-Uhus nutzen jedes leise Rascheln als Hinweis auf Beute. Bemerkenswert ist, dass der Virginia-Uhu zwar auf hohe Töne wie Fiepen und Knistern lauscht, sein eigener Ruf aber stets in tiefen Tonhöhen verbleibt. Vielleicht ist dieser Unterschied auch Absicht.

Dass Eulen (zu denen alle Uhus gehören) nachtaktiv sind, hat lange Zeit zu der Ansicht beigetragen, dass diese Vögel irgendwie mysteriös und nicht vertrauenswürdig, ja geradezu Angst einflößend seien. In einigen Teilen der Welt verkörpern Eulen Geister oder den Teufel, und eine Begegnung sollte um jeden Preis vermieden werden. Viele Jahre lang haben die Apachen die Häuser Verstorbener verbrannt, damit Eulen die Seelen mit sich forttragen konnten. Die Angst vor der Nacht ist tief in uns Menschen verankert, und die Ansicht, dass Wesen, die die Nacht beherrschen, dunkle Kreaturen sein müssen, ist daher wenig verwunderlich.

Und doch ist es mit dem majestätischen Ruf des Virginia-Uhus in langen Winternächten anders. Sein Ruf steht für Leben, für das bevorstehende Ende der Kälte. Viele Menschen erfreuen sich am Vogelgesang im Frühling, von der Amsel (s. S. 33) auf der einen Seite des Atlantiks bis zur Wanderdrossel (s. S. 45) auf der anderen. Ihr helles Gezwitscher ist wie ein Versprechen, dass bald der Frühling kommen wird. Mit dem Ruf des Virginia-Uhus ist es nicht anders. Er mag etwas ernster klingen, ist deshalb aber nicht weniger hoffnungsvoll.

WOCHE 4

Wüstenläuferlerche

Alaemon alaudipes

NORDAFRIKA BIS PAKISTAN UND INDIEN, 19–23 cm

WER IM INTERNET NACH DEN SCHÖNSTEN Vogelgesängen der Welt sucht, wird neben den offensichtlichen Treffern wie Nachtigall und Gartenspottdrossel vermutlich auch der unbekannteren Wüstenläuferlerche begegnen. Die Wüstenläuferlerche lebt in Nordafrika, im mittleren Osten und noch weiter östlich in den trockenen Regionen Pakistans. Nur wenige Menschen kommen je in den Genuss, ihren Gesang in freier Wildbahn zu hören.

Es hat natürlich etwas Romantisches, eine nur wenig bekannte Art auf die Stufe der großen Stars zu erheben, ein neues Gesicht in Hollywood-Größen einzureihen. Außerdem gibt es natürlich auch keinen guten Grund, einer Art nur aufgrund ihrer Unbekanntheit das Rampenlicht zu verweigern.

Der Gesang der Wüstenläuferlerche ist einzigartig und ungewöhnlich. Er besteht aus einer Folge von langsamen, flötenähnlichen Pfeiftönen, die beinahe an einen Sinuston heranreichen, sowie einigen fantasievollen Trillern. Es ist ein Gesang, der einen aufmerken lässt, und nur wenige Vögel auf der Welt klingen so.

Aber gehört der Gesang der Wüstenläuferlerche wirklich zu den schönsten? Wer soll das beurteilen? Das ist Geschmackssache.

Als jemand, der das Privileg hatte, diesen Vogel in freier Wildbahn singen zu hören, kann ich sagen, dass sein Gesang zweifelsfrei zu meinen liebsten gehört. Und das liegt nicht nur an dem Gesang an sich, sondern auch an seinem Kontext. Nur wenige Vogelgesänge passen so gut zu dem Ort, an dem sie zu hören sind, wie der der Wüstenläuferlerche.

Die Wüstenläuferlerche lebt in kargen Gebieten, die vom Wassermangel in Pastelltöne gekleidet sind. Wo immer man einer Wüstenläuferlerche begegnet, sieht man um sich endlose Weiten und einen alles umspannenden Himmel. Die Lerche kommt sowohl in steinigen als auch in sandigen Gegenden vor, an Orten, an denen die meisten der wenigen Sträucher Stacheln haben. Es sind extreme Bedingungen, voll brutaler Schlichtheit. Es wäre fehl am Platz, an solchen Orten fröhliche, überschwängliche Melodien zu trällern. Es sind Orte voller Schwermut, Sanftheit und Melancholie.

Um den Gesang der Wüstenläuferlerche in seiner ganzen Pracht zu erleben, ist es außerdem erforderlich, früh aufzustehen, denn bei Tagesanbruch singt sie am kraftvollsten. Und in den extremen Lebensräumen der Wüstenläuferlerche kann es morgens beißend kalt sein. Vielleicht sind es auch diese nicht zu verachtenden Unannehmlichkeiten, die das Hören ihres Gesangs zu einem solchen Abenteuer machen. Im Sommer ziehen sich Wüstenläuferlerchen in die verlassenen Höhlen von Nagetieren zurück. Dort, 20–30 cm unter der Erdoberfläche, harren sie mehrere Stunden lang aus, bis der Abend Abkühlung bringt. Die Wüstenläuferlerche ist ein Vogel der Dämmerung.

Doch nicht nur lautlich weiß die Wüstenläuferlerche zu überzeugen. Der geflogene Tanz, der den Gesang begleitet, ist ein ganz besonderer Genuss.

Der Vogel singt seine langsamen, melodiösen Pfeiftonphrasen, trillert kurz und stürzt sich dann in die Lüfte, in der Regel von einer Warte wie einem Busch aus. Und in jenem Moment verwandelt sich dieser sonst mittelgroße Vogel mit eher nüchtern gezeichnetem Federkleid in eine beeindruckende Version seiner selbst und stellt seine kontrastreichen, schwarz-weiß gezeichneten Flügel (mit denen er an einen Wiedehopf,

Upupa epops, erinnert) zur Schau. Er singt noch einmal sein pointiertes, klagendes Lied und steigt auf eine Höhe von einigen Metern auf, manchmal auch bis zu 25 m hoch. Oben in der kalten Luft scheint er auf einmal die Kontrolle zu verlieren, trudelt und vollführt Rollen, bevor er sich sehr schnell und mit dem Kopf zuerst Richtung Boden stürzt. Erst in letzter Sekunde bricht er das angeberische Manöver ab und flattert zu seinem Ausgangspunkt zurück. Vor dem Hintergrund der kargen, aber schönen Wüstenlandschaft ist dies ein beeindruckendes Schauspiel voller Akrobatik und preisträchtigen Gesangs.

Der Vogel singt seine langsamen, melodiösen Pfeiftonphrasen, trillert kurz und stürzt sich dann in die Lüfte, in der Regel von einer Warte wie einem Busch aus.

Es ist diese fesselnde Kombination, die die Wüstenläuferlerche zu einer unvergleichlichen Performerin macht. Der Ort, die Tageszeit, die tief bewegende Melodie und die Flugshow verwandeln einen schönen Gesang in etwas wirklich Außergewöhnliches.

WOCHE 5

Buchfink

Fringilla coelebs

EUROPA UND WESTASIEN, 14–18 cm

IN DEN NOCH WINTERKAHLEN WÄLDERN Europas und Westasiens beginnt nun einer der am häufigsten vorkommenden Vögel zu singen. Es ist Februar, der traditionelle Zeitpunkt, an dem der Frühling mit dem Gesang der Buchfinken herbeigerufen wird. Bald werden ihre einfachen, scheppernden Phrasen über nahezu alle Lichtungen schallen. Die wenigsten Menschen wissen allerdings, dass der Buchfink kein sonderlich guter Sänger ist.

Die Vorstellung, dass ein Vogel schlecht singen könnte – besonders im Falle von so ikonischen Trällerern wie der Nachtigall –, scheint auf den ersten Blick abwegig. Aber das liegt daran, dass viele Menschen sich nicht im Klaren darüber sind, was Vogelgesang ist und wie er entsteht.

Tatsache ist, dass Buchfinken zu ungefähr dieser Jahreszeit eine eigentlich einfache Aufgabe völlig vermurksen. Ihr Gesang ist simpel; eine kurze, angenehm fröhliche Phrase, die schneller wird und am Ende einen Schnörkel vollführt. Wer mit Kricket vertraut ist: Der Rhythmus der Phrase wurde mit dem Anlauf eines langsamen Bowlers verglichen, der sich stetig schneller werdend der Wurflinie nähert, wobei der Schnörkel der Moment des Bowlens ist. Aber egal, wie man die Phrase beschreiben möchte:

Der unkomplizierte Gesang des Buchfinks ist für die meisten Menschen leicht erkennbar.

Aber wenn man genau hinhört, könnte man enttäuscht werden. Wo man Struktur erwarten würde, findet man nur Chaos, wo ein Höhepunkt sein könnte, ist ... nichts. Kann ein Vogel halbherzig schmettern? Der Buchfink schon.

Dabei meint er es absolut ernst. Der Grund dafür, dass Buchfinken an diesen Spätwintermorgen etwas eingerostet klingen können, ist ganz einfach der, dass sie – und damit meine ich alle Männchen, die noch kein Jahr alt sind – üben.

Es ist eine schöne Vorstellung, dass alle Vögel mit einem vollständigen und perfektionierten Gesang in ihren Köpfen geboren werden. Und bei vielen Arten ist das auch der Fall. Aber bei hoch entwickelten Singvögeln – also denjenigen, die besonders komplizierte Lautbildungsorgane haben –, gibt es eine spannende Möglichkeit der Vielfalt, und viele unserer Singvögel müssen ihren Gesang erst lernen.

Um ehrlich zu sein ist der Buchfink nicht der beste oder kreativste Singvogel der Welt. Aber er wurde gut erforscht, und man hat herausgefunden, auf welchem beeindruckenden Wege er zu seinem Gesang kommt. Und seine Proben im Februar sind eine Station davon.

Buchfinken werden zwar mit einem Gesang in ihrem Kopf geboren, aber dabei handelt es sich lediglich um eine Vorlage und nicht um das Endprodukt. Diese Vorlage sorgt dafür, dass der Buchfink nicht plötzlich singt wie ein Grünfink oder ein Rotkehlchen oder eine Amsel, denn dann ließe sich sein Publikum – seine Artgenossen – nur schwerlich begeistern. Um sein Revier zu verteidigen oder eine Partnerin zu finden, muss ein Buchfink wie ein Buchfink klingen. Aber mehr hat diese Vorlage nicht zu bieten; sie ist nur die Rohfassung einer wesentlich interessanteren Leistung.

Während seiner ersten Lebensmonate, seiner aufnahmebereiten Phase, lauscht der Buchfink den Stimmen um sich herum. Die Hauptstimme – der Vorsänger, wenn man so will – ist wahrscheinlich sein eigener Vater, aber auch die Nachbarn haben etwas zu sagen, und die klingen nicht unbedingt alle gleich. Der Jungvogel saugt die für Buchfinken spezifische Geräuschlandschaft seiner Jugend auf. Dieser Prozess beginnt bereits in der Brutsaison, während der er schlüpft. Sobald die Brutsaison vorbei ist und der Jungvogel in die Mauser kommt und vielleicht weiterzieht, gibt es eine Zeit der Stille, wo in Sachen Gesang nichts Spannendes passiert.

Im Frühfrühling jedoch, wenn die Tage länger werden und das Testosteron im Körper des Jungvogels zu steigen beginnt, fühlt sich das junge Männchen, zurück an den Brutplätzen, plötzlich zum Singen bewogen. Es setzt in die Praxis um, was bisher nur Theorie war. Es lauscht nicht nur anderen ausgewachsenen Vögeln, sondern auch zum ersten Mal seiner eigenen Stimme. Dies ist der kritische Zeitpunkt, der Moment, in dem es auch in puncto Gesang erwachsen wird.

Das halbgare Geschmetter dauert nicht lang an, und an seine Stelle tritt der vollwertige Gesang der Buchfinken, inklusive Endschnörkel. Der Jungvogel fügt der angeborenen Vorlage in seinem Kopf seine ganz persönliche Note hinzu, basierend auf dem Gesang seines Vaters, seiner Nachbarn und vielleicht auch seinen eigenen Ideen. Innerhalb der Struktur des Buchfinkengesangs gibt es nahezu endlose Möglichkeiten, und nun treten diese zutage.

Der Buchfink könnte die eine, gleichbleibende Prototyp-Version seiner ererbten Vorlage singen. Aber durch den Lernprozess stehen ihm ungeahnte Möglichkeiten der Individualisierung offen. Theoretisch könnten alle Buchfinken etwas von sich geben, das noch nie einer ihrer Artgenossen hervorgebracht hat. Vielleicht ist also in ein paar Wochen etwas wahrhaft Einzigartiges aus dem Blätterdach zu hören.

WOCHE 6

Amsel

Turdus merula

EUROPA UND WESTASIEN, 24–27 cm

ES IST MITTE FEBRUAR, UND IN DEUTSCHLAND und dem Rest Europas will sich der Winter noch nicht recht geschlagen geben. Aber die Amseln haben mit ihrem Gesang begonnen und setzen der Trostlosigkeit warme Stimmen entgegen. Langsam nehmen sie der Kälte ihre Daseinsberechtigung, und am Ende werden sie als Sieger dastehen.

Der erste Amselgesang markiert das Ende der Frühfrühlings-Ouvertüre. Zwischendurch mögen schon einige Musikfetzen zu hören gewesen sein, jetzt aber erreichen Morgenkonzert und Tagesgezwitscher neue Lautstärken und Qualitäten. Ohne der Singdrossel ihre Bedeutung absprechen zu wollen, muss doch gesagt werden, dass die Amsel auf harmonischste Weise zum Morgenkonzert beiträgt und das Publikum zu begeistern weiß.

Kein Gesang macht mich so froh wie der der Amsel. Es ist nicht die zarte Melodie, sondern es sind die prächtigen, sanften Flötenphasen, jeweils kurz und einzigartig, die nach einer respektvollen Pause vorgetragen werden. Es ist nicht die mühelose Virtuosität der Amsel, obwohl es beeindruckend ist, Gesangskunst in solcher Vollendung zu hören. Nein, für mich stellt sich die Amsel dem Tempo einer immer schneller werdenden

Welt entgegen. Sie ist eine beruhigende Erinnerung daran, dass alles am rechten Platz ist. Ihr Gesang strahlt, egal vor welcher Geräuschkulisse, tiefste Ruhe aus.

In den letzten Jahren wurde viel darüber gesprochen, ob Vogelgesang – vor allem melodiöser, wie der von Amseln – einen positiven Effekt auf die seelische Gesundheit hat. Und inzwischen gibt es überzeugende Belege dafür, dass die Natur und das Hören von Naturgeräuschen uns dabei helfen, uns zu konzentrieren und uns besser zu fühlen. Studien des Londoner King's College zeigen, dass schon fünf Minuten Vogelgesang am Tag beruhigend wirken und zu einer Senkung des Blutdrucks führen können – und dass dieser Effekt bis zu vier Stunden lang anhalten kann. Noch laufende Forschungen der University of Surrey zeigen, dass manche Arten Menschen glücklicher und entspannter machen und dass der beste Gesang sanft, hoch und komplex ist. In der Umfrage „Monitor of Engagement with the Natural Environment" von Natural England im Vereinigten Königreich mit 500.000 Teilnehmenden gaben 90 % an, dass sie sich erfrischt und belebt fühlten, wenn sie draußen waren, und diejenigen, die am häufigsten in der Natur unterwegs waren, berichteten oft über die größte Lebenszufriedenheit, ein besseres Selbstwertgefühl, mehr Glück und weniger Angst. Mehr Zeit in der Natur verbessert außerdem die Gesundheit insgesamt. Diese Ergebnisse mögen vorläufig sein. Aber sie sind dennoch erstaunlich.

Es sind die prächtigen, sanften Flötenphasen, jeweils kurz und einzigartig, die nach einer respektvollen Pause vorgetragen werden.

Warum fühlen wir uns besser, wenn wir in der Natur sind? Theorien zufolge versetzt die Natur uns in unseren ursprünglichen Zustand zurück: Den Großteil unserer Evolutionsgeschichte haben wir in der Wildnis gelebt. Unsere heutigen Städte sind so anders, dass sie Stress in uns auslösen.

Vogelgesang ist ein guter Indikator dafür, dass ein Ort über viele Ressourcen verfügt, und das steigert unser Sicherheitsgefühl.

Eine weitere Theorie ist, dass Kontakt mit der Natur uns dabei hilft, unsere Gedanken zu ordnen. Eine laute Umgebung, zum Beispiel am Arbeitsplatz, in einer vollen Bahn oder durch Kinder im Haus, kann unser Gehirn überfordern. Die Natur hilft uns dabei, wieder zu entspannen. Man stelle sich nur einmal vor, eine Dosis achtsames Amsellauschen nach einem anstrengenden Tag könnte den ganzen Stress einfach wegblasen.

Außerdem steht der zu dieser Jahreszeit zumindest auf der Nordhalbkugel immer lauter werdende Vogelchor natürlich eindeutig für Hoffnung. Er verspricht uns, dass die Tage länger werden und dass es bald Sommer werden wird. Februar ist der Monat, in dem sich der baldige Frühling aufgrund der zahlreichen Vorzeichen nicht mehr leugnen lässt. Wir wissen, worauf wir uns freuen können.

Die Hoffnung auf Frühling steht weltweit für eine verheißungsvolle Zukunft. Heutzutage freuen sich die Menschen, die in reichen, gut versorgten Industrieländern leben und zu denen auch ich gehöre, vielleicht über die zunehmende Wärme und die zurückkehrenden Farben. Für unsere Vorfahren, die von der Landwirtschaft leben mussten, und die Menschen, deren Leben noch immer davon abhängen, ist Frühling gleichbedeutend mit mehr und vielfältigerem Essen. Vielleicht signalisiert das Anschwellen des Vogelgesangs vor allem, dass wir keine Angst mehr haben müssen. Mit dem baldigen Frühling und Sommer sind Nahrungsversorgung und Leben wieder gesicherter.

Vogelgesang lindert also tief sitzende Ängste und hat eine positive Wirkung auf unsere Laune. Also los: Auf nach draußen, dorthin, wo Vogelgezwitscher zu hören ist.

WOCHE 7

Weißkehlammer

Zonotrichia albicollis

NORDAMERIKA, 16 cm

DER GESANG DER WEISSKEHLAMMERN IST Frost in Notenform. Diese heimatlosen Vögel kommen in der Taiga Nordamerikas vor und sind für mich Wildnis pur. Ihre Pfeiftöne schallen von den Spitzen von Nadelbäumen durch dunkle Wälder. Manchmal erinnert mich der Gesang an Frühlingsschnee oder rauschende Bäche mit Schmelzwasser, manchmal eher an länger werdende Tage und aufstiebende Mückenschwärme. Er ist frisch, rein und absolut klar.

Auch Neulinge in der Welt der Vogelbeobachtung erfreuen sich an der Weißkehlammer. Es gibt wahrscheinlich keinen Gesang auf dem amerikanischen Kontinent, der einfacher zu finden und identifizieren ist. Schon lange gibt es Merksätze für den Weißkehlammergesang: „Old ... Sam ... Peabody, Peabody, Peabody." Oder, etwas passender zum Brutgebiet: „Oh ... sweet ... Canada, Canada, Canada." Der Gesang ist verhältnismäßig laut und simpel, enthält nur geringe Tonhöhenunterschiede, und jedes Männchen singt nur eine Melodie, es gibt also keine verwirrenden Variationen. Das ist ziemlich einmalig. Der Gesang der Weißkehlammer ist also ein guter Ausgangspunkt für weitere Ausflüge in die Welt des Vogelgesangs.

Aber nicht nur unter angehenden Vogelfans ist die Weißkehlammer beliebt, sondern auch in der Forschung. Weißkehlammern verfügen über einige äußerst spannende und ungewöhnliche Eigenschaften. Die offensichtlichste und seltsamste ist, dass es zwei Varianten der Art gibt.

Wer über längere Zeit Weißkehlammern beobachtet, wird feststellen, dass manche von ihnen adretter aussehen und sich in ihren Kopfzeichnungen leicht unterscheiden. Brustbereich und Kopfseiten der adretten Vögel sind rauchgrau, und das Weiß am Hals und besonders der Überaugenstreif (Supercilium) ist so hell wie Schnee. Ihre Artgenossen hingegen sind nicht reingrau, sondern gestreifter, und vor allem ist ihr Supercilium nicht weiß, sondern eher hellbraun. Hierbei handelt es sich aber nicht um Unterschiede zwischen Männchen und Weibchen, sondern um bei beiden Geschlechtern vorkommende Farbvarianten.

Diese heimatlosen Vögel kommen in der Taiga Nordamerikas vor und sind für mich Wildnis pur. Ihre Pfeiftöne schallen von den Spitzen von Nadelbäumen durch dunkle Wälder.

Noch seltsamer ist allerdings, dass die beiden Farbvarianten unterschiedliche Verhaltensmuster zeigen. Beispielsweise sind die weiß gestreiften, adretten Weißkehlammern aggressiver und versuchen eher, sich mit einem Geschlechtspartner fortzupflanzen, der nicht der offizielle Partner ist. Die braun gestreiften Weißkehlammern hingegen sind bessere Eltern und kümmern sich mehr um ihre Jungen. Die weiß gestreifte Farbvariante hat einen höheren Testosteronspiegel.

Die Unterschiede machen auch vor dem Gesangsverhalten nicht halt. Die weiß gestreiften Männchen singen viel mehr als die braun gestreiften, und während braun gestreifte Weibchen so gut wie nie singen, trifft das nicht auf ihre weiß gestreiften Artgenossinnen zu.

Man könnte denken, dass die weiß gestreifte Farbvariante erfolgreicher ist als die braun gestreifte und ihre Rivalen in Bedrängnis bringt. Das ist aber nicht der Fall, denn in der Pärchenbildung ziehen sich Gegensätze offenbar an. Ein Pärchen besteht fast immer aus einem weiß und einem braun gestreiften Tier. Die Forschung hat sich sogar einen wunderbaren Namen für dieses Phänomen ausgedacht, das die Existenz beider Farbvarianten sichert: negative assortative Paarung.

Eine weitere faszinierende Eigenschaft der Weißkehlammer ist, dass sich ihr Gesang zu verändern scheint. Zu Beginn des Kapitels erwähnte ich bereits, dass der Merksatz für ihren Gesang stets „Old ... Sam ... Peabody, Peabody, Peabody" lautete – bis in die 1960er-Jahre zumindest, denn seitdem stirbt dieser Gesang aus. Aus dem dreiteiligen „Peabody" werden zunehmend zwei Töne, die eher an das englische Wort „cherry" erinnern. Seltsamerweise hat sich dieser Gesang auf dem gesamten Kontinent ausgebreitet. Es ist sicher reiner Zufall, dass die menschliche Aufmerksamkeitsspanne während derselben Zeit ebenfalls an Länge eingebüßt hat.

WOCHE 8

Buntspecht

Dendrocopos major

EURASIEN BIS JAPAN, 20–24 cm

WENN VOGELSTIMMEN SICH ZU EINER Symphonie zusammenfinden, übernimmt der Buntspecht die Perkussion. Wo das Lied vieler Singvögel wortwörtlich Musik in unseren Ohren ist, ist das laute Hämmern von Spechten eher ein Rhythmus als eine Melodie. Die meisten Menschen dürften keine Schwierigkeiten haben, das prototypische Geräusch, das der Spechtschnabel beim Abklopfen des Stamms macht, zu erkennen.

Aber dieses Geräusch wird auch missverstanden. Viele glauben, dass das Hämmern des Spechts dazu dient, ein Loch zu schlagen. Stattdessen klopft der Specht aber auf den Stamm, weil er eine Botschaft senden will. Spechte hämmern zwar auch auf die Rinde ein, wenn sie ein Loch für den Nestbau schlagen wollen oder auf Futtersuche sind, aber dann ist das Hämmern eher unregelmäßig und tritt stoßweise auf. Ihr Arbeitsrhythmus ist langsam, bewusst und zerstörerisch – wie bei uns Menschen, wenn wir Asphalt mit einer Spitzhacke aufbrechen wollen.

Aber das eigentliche Klopfen des Buntspechts ähnelt eher einem Trommeln – er hämmert auf die Stammoberfläche ein, ohne sie zu beschädigen. Und er rührt auch nicht den Resonanzkörper aus

Totholz an, den er für seine Performance braucht. Sein Trommeln ist zerstörungsfrei und klangvoll.

Wer in der nördlichen Hemisphäre lebt, hat vielleicht noch etwas anderes am Trommeln des Spechts bemerkt: Es ist jahreszeitenabhängig. Seinen Höhepunkt erreicht es ungefähr jetzt, zu Beginn der Brutsaison. Im Frühling geben Buntspechte bis zu 200 Trommelschläge pro Tag ab – oder dreimal so viele, wenn sie noch keinen Partner gefunden haben. Im Juni jedoch nimmt das Hämmern ab, bis es im Herbst gar nicht mehr zu hören ist.

Das liegt daran, dass das Trommeln des Buntspechts die Rolle eines Lieds erfüllt. Wie verkündet und verteidigt der Specht sein Revier? Indem er trommelt. Wie stellt der Specht sich potenziellen Geschlechtspartnern vor? Indem er trommelt. Das Trommeln von Männchen und Weibchen unterscheidet sich minimal, wobei der genaue Unterschied von der Art abhängt. Im Falle der Buntspechte geben die Weibchen kürzere Salven ab, wodurch Männchen und Weibchen sich nicht nur finden und paaren, sondern auch ihre Brutrhythmen aufeinander abstimmen können. Sie trommeln auf der Suche nach einem geeigneten Loch für ihr Nest sogar gemeinsam. Es ist eine praktische Art der Kommunikation – das Trommeln ist in Wäldern, wo Spechte in der Regel leben, weithin zu hören.

Besonders beeindruckend ist das Trommeltempo. Der Buntspecht beispielsweise kommt auf durchschnittlich 13 Schläge in einer guten halben Sekunde. Er zeichnet sich durch den paukenartigen Beginn seines Trommelwirbels und das schnelle Ausklingen am Ende aus. Das Trommeln des Kleinspechts, der sein Verbreitungsgebiet größtenteils mit dem des Buntspechts teilt, hält länger an und klingt nicht aus. Es ähnelt ein bisschen dem Geräusch

Besonders beeindruckend ist das Trommeltempo. Der Buntspecht beispielsweise kommt auf durchschnittlich 13 Schläge in einer guten halben Sekunde.

einer Bohrmaschine. Manchmal jedoch scheint es so, als wären die Spechte verwirrt oder überreizt, und dann vollführen die beiden Arten ein Trommelduett.

Das Trommeln ist für Spechte eine sinnvolle, praktische Art der Kommunikation. Viele Vögel verbringen den größten Teil ihres Tages damit, ihre Schnäbel in Holz zu hauen – und von dort ist es nur ein kleiner Schritt bis zur Entwicklung eines Morsecodes für luftige Höhen.

WOCHE 9

Wanderdrossel

Turdus migratorius

NORDAMERIKA, 25 cm

„CHEER UP, CHEER UP ...“, SCHEINT SIE ZU SINGEN. Und wenn wir ehrlich sind, können wir alle etwas Aufmunterung vertragen. Kein Wunder also, dass die Wanderdrossel zu den beliebtesten Singvögeln des amerikanischen Kontinents gehört. Ihre Botschaft ist nicht sonderlich kompliziert und ihr Gesang nicht über die Maßen hinreißend oder meisterhaft. Aber wen interessiert das schon? Die Wanderdrossel hat sich in die Herzen vieler Menschen gesungen – aus gutem Grund.

Diese rotbrüstige Drossel ist durch und durch amerikanisch. Ihr Verbreitungsgebiet reicht von der Ost- bis zur Westküste, von Kalifornien und Texas bis hoch an den Polarkreis. Sie ist in der weitläufigen nördlichen Taiga genauso zu Hause wie an den Gewässern des Mittleren Westens und in den Gärten der Golfküste. Sie singt nicht nur in Baumkronen, die über Hängen thronen, die nie ein Menschenfuß berührt hat, sondern auch in dicht besiedelten Städten. In New York konkurriert ihr Gesang mit Verkehrslärm und Martinshörnern, in Alaska ergänzt er vielleicht das frühabendliche Geheul eines Wolfsrudels. Die Wanderdrossel ist ein Allerweltsvogel, eine ständige Begleiterin, ein Vogel, der uns vereint und aufmuntert.

Für viele Menschen bringt die Wanderdrossel außerdem den Frühling. Wanderdrosseln beginnen früh zu singen, im Spätwinter, wenn wärmeres Wetter eine bloße Vorstellung und noch keine Realität ist. Wir Menschen freuen uns gerne auf Dinge. Wenn wir an einem klaren, windigen Märzmorgen, an dem noch Schnee auf dem Boden liegt, eine Wanderdrossel singen hören, hebt das unsere Laune. Derselbe Gesang erklingt auch im Mai und Juni, ist da aber weniger eindrücklich. Dann hat die Drossel ihre Aufgabe schon erfüllt.

In New York konkurriert ihr Gesang mit Verkehrslärm und Martinshörnern, in Alaska ergänzt er vielleicht das frühabendliche Geheul eines Wolfsrudels.

An sich betrachtet ist ihr Lied kein Meisterwerk. Es besteht aus zehn oder mehr „Cheer up"-Phrasen, hin und wieder schleicht sich ein „cheerily" ein. Die Tonhöhe hebt und senkt sich charakteristisch. Die Phrasen sind laut und durchdringend, wodurch der Gesang auffällt. Eine durchschnittliche Wanderdrossel hat etwa 10–20 verschiedene Phrasen in ihrem Repertoire, die allerdings nur ein geschultes Ohr auseinanderhalten kann. Aber auch diese Vielfalt schafft es nicht, den Gesang zu etwas Außergewöhnlichem zu machen.

Das Besondere ist jedoch der schiere Aufwand, den die Wanderdrossel betreibt. Sie ist oft die erste Solistin des Morgenkonzerts (im Frühling beginnen manche Vögel in den gemäßigten Klimazonen Amerikas schon um 3 Uhr morgens mit ihrem Gesang) und auch die letzte, die abends singt, eine einzelne Stimme in der Dämmerung. Im hohen Norden, wo das Licht im Sommer fast niemals schwindet, ist auch der Gesang der Wanderdrossel rund um die Uhr zu hören. Ihr Konzert dauert, ohne Übertreibung, Stunden. Die Wanderdrossel hat sich ans Dämmerlicht angepasst. Ihre Augen sind im Verhältnis zum Körper ungewöhnlich groß, und wenn sie nicht singt, dann sucht sie in schattiger Laubstreu nach Futter.

Wer ganz genau hinhört, kann im Gesang der Wanderdrossel noch andere Geräusche entdecken. Neben den flötenartigen „cheer up"s und leichten Abwandlungen wie „cheerio" tauchen auch geheimnisvollere Töne auf, die lautlich einem „hisselly" ähneln und sich vom restlichen Gesang unterscheiden. Erstaunlicherweise verfügt jede Wanderdrossel über 75–100 Variationen dieses Lautes, aber noch hat die Forschung nicht herausgefunden, welchem Zweck er dient.

Sie ist oft die erste Solistin des Morgenkonzerts und auch die letzte, die abends singt.

Aber für die meisten von uns hat das keine Bedeutung. Es reicht, wenn wir den Rat der Wanderdrossel befolgen – „Kopf hoch" – und ihrem Gesang lauschen.

WOCHE 10

Rohrammer

Emberiza schoeniclus

EURASIEN BIS JAPAN, 14–16 cm

ES GIBT WAHRSCHEINLICH NIEMANDEN, DER auf die Frage nach seinem liebsten Vogelgesang den der Rohrammer nennen würde. Auf einschlägigen Playlists glänzt sie mit Abwesenheit. Wer im Frühling in Europa einen Tag mit Vogelbeobachtung verbracht hat, würde niemals sagen: „Am meisten hat mich heute der wunderschöne Gesang der Rohrammer beeindruckt." In mindestens einem Vogelbuch wird ihr Gesang als „monoton und repetitiv" und „unzusammenhängend, kurz, einfach, langsam" beschrieben. Er könnte auf einem Vogelstimmenalbum höchstens als Füllersong durchgehen oder als Fahrstuhlmusik, nach der man sich niemals erkundigen würde.

Dafür ist der Gesang der Rohrammer leicht erkennbar, was Neulinge in der Vogelbeobachtungswelt erfreuen dürfte. Er ist langsam und abgehackt, ähnelt einem „Zi ... zi ... zi". Bösen Zungen zufolge sollen sich Rohrammern so anhören wie Kleinkinder, die das Zählen lernen, aber noch nicht wissen, was nach der Drei kommt. Vielleicht sollten wir uns aber einfach darüber freuen, dass wir es nicht mit einem weiteren unverständlichen und hochkomplexen Lied zu tun haben.

Aber was hat dieser unspektakuläre Gesang in diesem Buch zu suchen? Ist er vielleicht doch irgendwie besonders? O ja. Es gibt nur wenig andere Vogelarten auf der Welt, die so offen mit ihrem Status und ihren Motiven umgehen. Man muss nur auf das Tempo und die Anzahl der Noten achten. Wer sich die Mühe macht, diese Dinge zu verstehen, erhält einen Einblick in das Leben eines Wildvogels.

Es mag etwas aus der Luft gegriffen klingen, aber der Gesang der Rohrammer gibt ihren Familienstand preis. Wenn er nur aus drei Noten besteht, die eher langsam und stockend gesungen werden, ist sie vergeben. Wenn der Gesang länger ist – vielleicht fünf oder sechs Noten lang – und in derselben Zeitspanne mit einem höheren Tempo vorgetragen wird, ist der Vogel Single. Männchen, die den langsamen (vergebenen) Song singen, machen kurze Pausen zwischen Wiederholungen. Beim schnellen Gesang sind die Pausen länger. Ein Männchen, das seine Partnerin während der Brutsaison im März verliert, wechselt wieder vom langsamen zum schnellen Lied – der Gesang ist also eindeutig eine Offenlegung seines Privatlebens. Aber das ist noch nicht alles.

2009 fanden schwedische Forschende etwas Erstaunliches heraus. Hundert Jahre lang hatte niemand bemerkt, dass Rohrammern nicht nur zwei verschiedene Lieder singen – sondern drei. Es passiert nicht oft, dass etwas so Wichtiges bei einer häufig vorkommenden und gut erforschten Vogelart übersehen wird. Die Forschenden entdeckten, dass die Rohrammer auch einen speziellen Dämmerungsgesang in ihrem Repertoire hat, der aus einer kontinuierlichen Wiederholung von Phrasen mit kurzen Pausen dazwischen besteht und einem schnellen Gesang ohne Pausen ähnelt. Nur bereits vergebene Männchen singen auf diese Weise. Aber wieso tun sie das, wo man doch annehmen könnte, dass Männchen, die bereits eine Partnerin gefunden haben, weniger singen?

Untersuchungen der Rohrammer haben noch etwas anderes Interessantes zutage gefördert. Rohrammern neigen in besonderem Maße zur Untreue, mehr als die meisten anderen kleinen Vogelarten. Männchen und Weibchen gehen zwar Partnerschaften ein, die ungefähr der menschlichen Ehe entsprechen, aber beide Geschlechter paaren sich regelmäßig auch außerhalb dieser Partnerschaft. Wobei „regelmäßig" vielleicht eine Untertreibung ist: 97 % aller Weibchen paaren sich noch mit anderen Männchen außer dem ihren, und etwa 55 % der Küken, deren DNS geprüft wurde, haben einen anderen Vater als den Partner ihres Muttervogels. Fortpflanzungsversuche in benachbarten Revieren machen etwa 40 % der Reproduktionsleistung des durchschnittlichen Rohrammermännchens aus. Diese Zahlen sind sehr viel höher als beispielsweise bei der Blaumeise (dort stammen weniger als 10 % der Küken aus „außerehelichen" Verhältnissen). Niemand weiß, warum Rohrammern so untreu sind, aber man nimmt an, dass es vielleicht im Zusammenhang mit den Sumpfgebieten steht, in denen sie leben.

2009 fanden schwedische Forschende etwas Erstaunliches heraus. Hundert Jahre lang hatte niemand bemerkt, dass Rohrammern nicht nur zwei verschiedene Lieder singen – sondern drei.

Aber was ist nun mit dem Dämmerungsgesang? Die offensichtliche Verbindung beider genannten Fakten ist, dass vergebene Männchen, die während der Morgendämmerung singen, damit ihre Bereitschaft zu Paarungsversuchen außerhalb ihrer Partnerschaft erklären. Während der Dämmerung sind die Weibchen in der Regel am fruchtbarsten und empfänglichsten.

Wer gut hinhört, erfährt so einiges.

WOCHE 11

Fitis

Phylloscopus trochilus

NORD-EURASIEN; ÜBERWINTERT IN SUBSAHARA-AFRIKA,
10,5–11,5 cm

ES IST MÄRZ, UND DIE VÖGEL IM NÖRDLICHEN Eurasien können das Geheimnis nicht länger für sich behalten. Das Morgenkonzert schwillt an und wird lauter. Der Frühling ist da.

Inmitten des gellenden Gezwitschers findet sich jedoch auch eine ruhigere Stimme. Sie ist so sanft, dass sie gerne überhört wird. Fast, als würde sie sagen wollen: „Beruhigt euch. Das soll Frühling sein? Ist immer noch ganz schön kalt. Und wo sind die ganzen Blätter?“

Diese Stimme gehört dem Fitis. Und er hat auch allen Grund, skeptisch zu sein, kommt er doch von weit her. Er hat im tropischen Afrika überwintert und kehrt nun nach Europa und Asien zurück. Die Wärme steckt ihm praktisch noch in den Federn. Wie bei den meisten anderen kleinen Zugvögeln liefern sich die Männchen ein Wettrennen bis zu den Brutgebieten. Wer zuerst dort ist, bekommt ein besseres Revier und bessere Brutchancen. Die Vögel rasen also in einem Tempo Richtung Norden, das schnell gefährlich werden kann. Wer zu früh eintrifft, läuft Gefahr, im unbeständigen März zu verhungern.

Der prachtvolle Gesang des Fitis könnte also als Warnung verstanden werden. „Schreibt den Winter noch nicht ab“, beschwört er, während alle anderen völlig aus dem Vogelhäuschen sind.

Im Jahresverlauf ist der Gesang des Fitis in der Regel der erste eines transkontinentalen Zugvogels, den man in Nordeuropa hört. Bis vor Kurzem wurden auch Zilpzalp *(Phylloscopus collybita)* und Mönchsgrasmücke *(Sylvia atricapilla)* als Vorboten des Frühlings gesehen, aber der Klimawandel hat dazu geführt, dass einige Angehörige dieser Arten in gemäßigten Zonen überwintern, sodass ihr Gesang seinen Reiz eingebüßt hat. Nun ist es also am Fitis, uns den Frühling zu verkünden.

Im Jahresverlauf ist der Gesang des Fitis in der Regel der erste eines transkontinentalen Zugvogels, den man in Nordeuropa hört.

Und in der Tat eignet sich sein Gesang perfekt für diesen Zweck. Sanft gleitet er die Tonleiter hinauf und wieder hinunter. Das unbestimmte Ende wird oft vom Wind fortgetragen. Dass der Fitis sich weigert, laut und übermäßig selbstbewusst zu singen, passt hervorragend zur frühen Weidenblüte, zu dezenten Knospen, zu dieser wohlduftenden, aber unsicheren Jahreszeit.

Andererseits steht der Gesang in einem deutlichen Kontrast zum restlichen Verhalten des Fitis. Konkurrierende Männchen sind dafür bekannt, um Reviergrenzen zu kämpfen, und wie bereits erwähnt, sterben einige von ihnen beim Wettrennen um die besten Brutplätze. Das in unseren Ohren so sanft klingende Lied ist eine Schimpftirade auf Wettbewerber.

Fitis-Männchen haben vor dem Eintreffen der Weibchen normalerweise etwa zwei Wochen Zeit, um ihre Reviergrenzen abzustecken, und hauptsächlich tun sie das mithilfe ihres Gesangs. Sobald die Weibchen da sind, lauschen diese ganz genau. Man nimmt an, dass sie auf die Häufigkeit des

Gesangs achten. Es wurde nachgewiesen, dass die Männchen, die am meisten singen, auch die sind, die als Erstes eine Partnerin finden. Die Faulenzer müssen warten.

Die Forschung hat in den letzten Jahren gezeigt, dass das Liebesleben von Singvögeln sehr viel komplexer ist, als man bisher annahm. Der Fitis ist ein gutes Beispiel dafür. Manche Männchen geben sich mit einem Revier nicht zufrieden und haben stattdessen zwei. Sie suchen sich zu Beginn der Saison ein Weibchen, und sobald dieses im Nest sitzt und brütet, fliegen die Männchen an einen anderen Ort und fangen dort in der Hoffnung auf eine zweite Partnerin an zu singen. Sobald auch dieses zweite Weibchen brütet, verlässt der Schurke es wieder und kehrt zum ersten Weibchen zurück. Dort spielt es den guten Vater und hilft bei der Aufzucht der Küken.

In unseren Ohren mag der Gesang des Fitis sanft klingen, aber die Lebensrealitäten von Singvögeln sind oft alles andere als das.

WOCHE 12

Dachsammer

Zonotrichia leucophrys

NORDAMERIKA, 15–16 cm

WIR BEFINDEN UNS AUF EINER KLEINEN Wanderung in der Wildnis South Dakotas. Die Karte gibt nichts her, und der Kompass ist kaputt. Nun könnte man sich verirrt wähnen – aber nicht, solange ein Dachsammermännchen in der Nähe ist und man seinen Gesang zu deuten weiß. Es gibt wahrscheinlich keine andere Vogelart auf der Welt, die so bekannt für ihre Dialekte ist. Mithilfe des richtigen Wissens und des Gesangs eines Dachsammermännchens kann man sich mit einer Genauigkeit von einigen Hundert Metern orten – einfach nur, indem man gut hinhört. Nach ein paar Phrasen ist klar: Wir befinden uns in der Nähe von Sioux Falls an der Grenze zu Iowa, etwa 16 km vom Stadtzentrum entfernt.

Dass Singvögel über Dialekte verfügen, weiß man seit vielen Jahren. Sie sind ein Nebenprodukt dessen, dass Vögel ihre Lieder nicht erben, sondern erlernen. Bei manchen Arten verändern sich die Lieder von Generation zu Generation kaum, und es entwickeln sich keine Dialekte. Bei den meisten Singvögeln jedoch spielt Lernen eine gewisse Rolle. In solchen Fällen verfügen die Vögel in der Regel über eine angeborene Vorlage, die als Grundlage dient und dafür sorgt, dass der Vogel wie seine Artgenossen klingt.

Der Rest des Gesangs setzt sich aus externen Einflüssen wie dem Vater und anderen Männchen in der Nähe zusammen. Bei der Dachsammer sind besonders die Sänger vor Ort wichtig. Der Jungvogel imitiert sie und erschafft mithilfe der Trial-and-Error-Methode seinen ganz eigenen Gesang. Die meisten Dachsammermännchen haben nur ein Lied. Dieses hängt vom Standort ab und unterscheidet sich von den Liedern der Männchen, die ein Stück entfernt leben.

Die Dachsammermännchen sind – wenig überraschend – in der Lage, die Lieder zu unterscheiden, und erkennen Eindringlinge sofort. Sie wissen, ob der Rivale ein Nachbar oder ein völlig Fremder ist und ob es sich um eine Dachsammer oder eine andere Art handelt.

Die Dachsammerweibchen zeigen unterschiedliche sexuelle Reaktionen auf die jeweiligen Lieder. Es ist nachgewiesen, dass die Weibchen sich nicht nur angezogen fühlen vom Lied der Männchen, sondern dass es sie auch zum Nestbau anregt und die Eierstöcke vor der Brut wachsen lässt. Man nimmt an, dass diese Reaktionen nicht auftreten, wenn das Weibchen das Lied eines fremden Vogels hört.

Die Dachsammermännchen sind – wenig überraschend – in der Lage, die Lieder zu unterscheiden, und erkennen Eindringlinge sofort. Sie wissen, ob der Rivale ein Nachbar oder ein völlig Fremder ist und ob es sich um eine Dachsammer oder eine andere Art handelt.

Aus einer so eindeutigen Identifizierbarkeit folgt, dass der Genfluss in manchen Populationen eingeschränkt ist, da die Vögel sich nicht mit Artgenossen fortpflanzen wollen, die einen anderen Dialekt singen, und Fremden gegenüber aggressiv sind.

Manche Männchen – nämlich in der Regel solche, die auf der Grenze zweier Dialektgebiete schlüpfen – sind allerdings gewissermaßen zweisprachig. Sie haben zwei unterschiedliche Lieder, eins aus jedem Dialektgebiet. Man nimmt an, dass dies ihre Chancen erhöht, mindestens eine Partnerin zu finden.

Bleibt die Frage, was passiert, wenn ein Vogel am Grenzpunkt dreier Dialektgebiete schlüpft.

WOCHE 13

Nachtigall

Luscinia megarhynchos

ZENTRALEUROPA UND NORDAFRIKA BIS IN DIE MONGOLEI; ÜBERWINTERT IN SUBSAHARA-AFRIKA, 16–17 cm

IN DER WESTLICHEN WELT GIBT ES wahrscheinlich keine berühmtere Sängerin als die Nachtigall. Selbst auf dem amerikanischen Kontinent, der eigentlich über genügend eigene Weltklasse-Gesangstalente verfügt (s. Walddrossel, S. 69, und Gartenspottdrossel, S. 121), sind einige Arten, wie beispielsweise der Nachtigallzaunkönig *(Microcerculus philomela)* nach ihr benannt. Die Nachtigall kennt man bis weit über ihr Verbreitungsgebiet hinaus, selbst dort, wo ihr Gesang nie in freier Wildbahn zu hören ist. Die Nachtigall ist die Königin des Vogelgesangs, der Höhepunkt des Konzerts, bietet Zwitschern in Vollendung. Zahlreiche kulturelle Werke bestehen darauf, dass das Hören ihres Gesangs über den simplen Akt des Hörens hinausgeht und Menschen an einen besonderen Ort versetzt.

Und genau diese Werke sind auf Vogelexkursionen, bei denen Leute eine Nachtigall hören wollen, oft ein Problem. Als professioneller Guide begleite ich häufig Menschen auf solche Exkursionen. Jedes Mal bin ich zögerlich und beobachte ganz genau die Reaktionen der Gruppe. Wenn wir eine Nachtigall singen hören, freuen sich die Leute und staunen. Aber manchmal sind sie auch enttäuscht. Denn die Nachtigall verfügt über eine unfassbare Gesangsvielfalt mit bis zu 600 verschiedenen Elementen, was das Zuhören zu einem wirklich besonderen Erlebnis werden lässt. Es gibt vieles, was ihren Gesang einzigartig macht: das anfängliche Crescendo, das oft als Schluchzen bezeichnet wird, die Passagen, deren Notation gar nicht anders als mit einem Ausrufezeichen enden kann, der plötzliche Wechsel von zart zu triumphierend. Er ist unvergleichlich.

Aber ich frage mich, ob die Nachtigall ihren Status wirklich verdient hat. Es gibt viele Stimmtalente unter den Vögeln. Die meisten Arten singen vielleicht nicht so spektakulär und technisch brillant wie die Nachtigall, aber ihr Gesang berührt mich mehr. Viele Menschen mögen die Nachtigall. Aber lieben sie sie auch?

Einer, der die Nachtigall wirklich liebte, war der englische Dichter John Keats. Der Gesang der Nachtigall inspirierte ihn zu Meisterwerken der romantischen Literatur. Hier ein Auszug aus seinem berühmten Gedicht *Ode an eine Nachtigall* das er 1819 in Hampstead (London) schrieb:

Doch ist's nicht Neid auf dein so glücklich Los –
Nur füllt so schwer mit Glück dein Glück mich an:
Daß du, des Walds beflügelte Dryade,
In lieblich kühlem Schoß,
Im Schatten, den das Buchengrün dir spann,
Der Freiheit jubeln kannst, der Sommergnade.

Das Problem dieser ganzen Loblieder auf einen einfachen Singvogel ist, dass sie unsere Erwartungen an ihn so hochstecken, dass diese kaum zu erfüllen sind. Wer immer glaubt, den Vogel zum ersten Mal in der Natur singen zu hören, hat ihn doch schon einmal im Kopf gehört.

Aber es gibt auch noch andere interessante Dinge über die Nachtigall zu berichten. Erstens singt sie – wie der Name verrät – bei Nacht. Was viele nicht wissen: Das hält sie nicht davon ab, ebenso viel am Tag zu singen. Unter Singvögeln ist dieser nächtliche Gesang zwar nicht einmalig, aber ungewöhnlich. Wenn abends im Habitat der Nachtigall das Vogelzwitschern langsam verklingt, als wäre es nur ein kleiner Vorgeschmack gewesen, beginnt die Nachtigall, ungestört von den „Amateuren“ und gut hörbar vor der Stille, ihren Gesang.

Eine weitere Besonderheit ist, dass Nachtigallgesang seinen Höhepunkt zur romantischsten Zeit des Jahres erreicht, nämlich im Vollfrühling. Er ist die Vertonung von üppig blühendem Dickicht und frischen grünen Knospen, in manchen Jahren der ersten Wildblumen. Immer verkörpert er die allseits zu findende Hoffnung, Freude und Aufregung. Nachtigallgesang bewegt uns Menschen – deren Gefühle zu dieser Jahreszeit ohnehin sehr in Bewegung sind.

Außerdem hat die Nachtigall ein Geheimnis: Sie verknappt ihren Gesang. Damit meine ich nicht, dass sie bei der Ankunft in ihrem Revier nicht ihr Bestes gibt oder dass sie im Vergleich mit anderen Vögeln weniger singt. Sondern dass ihre Saison sehr kurz ist. Sie beginnt mit ihrem Gesang im April und verstummt im Juni. Anschließend, während der Brutzeit, ist sie wie verschwunden und verschwindet dann im August tatsächlich in Richtung Afrika. Ihr Gesang ist also auch deshalb so besonders, weil er nur kurz währt. Schnell fragt man sich, ob man ihn wirklich gehört oder ihn sich nur eingebildet hat.

Oder wie John Keats sagen würde:

Lebwohl! Lebwohl! Dein Schmerzgesang entschwebt
Zum Wiesengrund aus Waldes hohem Dom,
Ins Tal hinab und schweigt am dunklen Bache.
Ward mir ein Traum belebt?
Betrog die wachen Sinne ein Phantom?
Wer sagt mir, ob ich schlafe oder wache!

WOCHE 14

Schilfrohrsänger

Acrocephalus schoenobaenus

EUROPA UND WESTASIEN; ÜBERWINTERT IN SUBSAHARA-AFRIKA, 13 cm

WENN ES EINEN VOGEL GIBT, DER MIT SEINEM Gesang für die Eile des Frühlings steht, dann den hektischen Schilfrohrsänger, der zu dieser Zeit des Jahres wie getrieben in den Sumpfgebieten und krautigen Biotopen Europas sein Lied schmettert. Die wärmere Jahreszeit scheint in der nördlichen Hemisphäre nun mit großen Schritten zu nahen, nachdem es im März eher langsam und bedächtig vorwärtsging. Jetzt explodiert alles. Vor wenigen Wochen haben wir uns noch an den ersten Frühlingsboten erfreut. Jetzt stecken wir mittendrin, und die Frühlingsboten sind in dem Wirbel aus Aktivität und Lärm kaum mehr auszumachen.

Und der Schilfrohrsänger steht exemplarisch für dieses wunderbare Chaos. Er quillt geradezu über vor Lebensenergie – allerdings nur, wie wir herausfinden werden, für eine beruhigend begrenzte Zeit. „Beeilung, Beeilung", scheint er zu singen. Der Gesang, nur vom Männchen dargeboten, ist ein halsbrecherischer Monolog aus schnarrenden und lieblichen Phrasen, der etwa eine Minute lang andauert und der zum Teil aus Nachahmung besteht. Zu Anfang des Gesangs hat man fast das Gefühl, dass der Vogel immer mehr beschleunigen will, wie ein Auto, das lediglich über das Gas- und kein Bremspedal verfügt.

Das Verhalten des Schilfrohrsängers während des Singens trägt zum gehetzten Eindruck bei. Zu Beginn hockt er oft versteckt in einem Busch am Röhricht oder Sumpf. Je länger er singt, desto höher steigt er, klettert den Busch hinauf, bis er ganz oben und gut zu sehen ist. Er legt alles in seine Vorstellung, die noch davon verstärkt wird, dass sein Schnabel im Inneren rot ist.

Der Gesang, nur vom Männchen dargeboten, ist ein halsbrecherischer Monolog aus schnarrenden und lieblichen Phrasen

Irgendwann reicht ihm sein Platz auf dem Busch nicht mehr. Nach mehreren ungeduldigen Minuten hält der Schilfrohrsänger, was die vorherigen Zuckungen versprachen, und schmeißt sich (während er weiterschmettert natürlich) in die Lüfte. Dort flattert er wild, aber zumindest für menschliche Augen wenig beeindruckend, mit den Flügeln. Er fliegt weder hoch noch lang. Er schießt nur kurz auf und verschwindet dann wieder im Röhricht. Aber wenig später ist seine Würde wiederhergestellt, wenn er auf die unteren Äste des Dickichts zurückkehrt und so verborgen weitersingt. Kurz darauf geht das energiegeladene Spektakel wieder von vorne los. Wenn Vögel schwitzen könnten (was sie nicht können), wäre der Schilfrohrsänger sicher schnell pitschnass.

Wie es sich beim Frühlingsgesang gehört, gibt es ein Publikum für diese Vorstellung, und dessen Reaktion ist entscheidend. Schilfrohrsängerweibchen sind wählerisch. Aber auch sie haben es eilig. Sie nehmen sich nicht viel Zeit, um ein Männchen anhand seines Gesangs zu beurteilen – und welche anderen Kriterien sollte es geben? In einem Lied stecken reichlich Informationen, die ihnen bei der Entscheidung helfen. Sie müssen den potenziellen Partner nicht einmal sehen. Wie bei vielen Arten zählt auch beim Schilfrohrsänger das Repertoire. Die lebhaften, schnarrenden Laute, die Mimikry-Schnörkel, ein Trillern hier, ein Pfeifen da: Sie alle zeigen die

Vielseitigkeit des Sängers. Schilfrohrsängermännchen mit einem großen Repertoire verpaaren sich als Erstes. Einfallsreichtum wird belohnt.

Auch die etwas pathetische Flugshow spielt eine Rolle. Forschende haben herausgefunden, dass es einen Zusammenhang zwischen der Anzahl der Singflüge und dem gesundheitlichen Zustand eines Männchens gibt. Weniger lebhafte Exemplare waren von mehr Blutparasiten befallen – ein guter Indikator für die allgemeine Fitness.

Durchschnittlich beschränkt sich die Auswahl eines Singvogelweibchens auf etwa fünf bis zehn Männchen. Der Gesang ist ein wichtiges Kriterium bei der Partnerwahl.

Schilfrohrsänger verpaaren sich schnell. Und dann geschieht etwas Ungewöhnliches: Die Männchen stellen ihren Gesang komplett ein. Das Singen hat seinen Hauptzweck erfüllt, und das Röhricht verstummt. Die meisten anderen Arten singen auch nach der Paarbildung, um Revier und Nachwuchs zu verteidigen. Nicht so der Schilfrohrsänger.

Die meisten Männchen hören bis Mai auf zu singen. Das Ende dieses überschäumenden Gezwitschers hat etwas von einem Wendepunkt. Vielleicht zeigt es, dass der Frühling nicht ewig währen wird, zumindest nicht in diesem Jahr. Und alle anderen Vögel folgen früher oder später dem Beispiel des Schilfrohrsängers und stellen ihr Konzert ein.

Das soll nicht heißen, dass der Schilfrohrsänger danach nur noch auf dem faulen Federkleid liegt. Schnell werden Eier gelegt und die Jungen wie in der Massenproduktion gefüttert. Wenn die Bedingungen gut sind, wird vielleicht noch eine Zweitbrut versucht (aber das kommt nur äußerst selten vor). Der hektische Schilfrohrsänger steht niemals still. Und genauso wenig lässt sich das Voranschreiten des Frühlings aufhalten.

WOCHE 15

Walddrossel

Hylocichla mustelina

ÖSTLICHES NORDAMERIKA; ÜBERWINTERT IN MITTELAMERIKA, 19–20 cm

VIELLEICHT SOLLTE DIESER ESSAY SICH LIEBER mit der Einsiedlerdrossel *(Catharus guttatus)* befassen. Ihr Gesang ist dem der Walddrossel wahrscheinlich überlegen – wird sie doch hin und wieder als die „amerikanische Nachtigall" bezeichnet –, und außerdem ist sie verbreiteter als die Walddrossel, die nur im östlichen Teil Amerikas vorkommt. Aber die Beurteilung von Vogelgesang ist etwas sehr Persönliches, und mir ist eben die Walddrossel lieber. Aber die Gesänge beider Drosseln gehören zu den besten und schönsten der Welt. Beide Drosseln erfüllen zu dieser Jahreszeit die Wälder mit ihren Liedern – oder lassen „silberne Akkorde aus undurchdringlichen Schatten strömen", wie es der große US-amerikanische Schriftsteller und Umweltschützer Aldo Leopold sagen würde.

Ebenso auf meiner Seite ist der gefeierte US-amerikanische Dichter und Autor Henry Thoreau. In seiner Hütte hörte er regelmäßig Walddrosseln singen und hielt einige einprägsame Beobachtungen in seinem Tagebuch fest, das er von 1837 bis 1861 führte. Zu Beginn hier ein Eintrag aus dem Juli 1852 als Beweis dafür, welche Wirkung Vogelgesang auf die menschliche Stimmung haben kann:

„Die Walddrossel macht keine Opernmusik; es ist nicht so sehr die Komposition, sondern die Melodie, der Klang – kühle Takte der Melodie, aus der Luft ewig währenden Morgens und Abends. [...] Die Drossel allein verkündet die dem Wald innewohnende unsterbliche Fülle und Energie. [...] Wann immer ein Mensch sie hört, ist er jung, und die Natur ist in ihrem Lenz. Wo immer er sie hört, ist es eine neue Welt und ein freies Land, und die Tore des Himmels sind nicht vor ihm verschlossen."

Wahrscheinlich können wir alle bestätigen, dass Vogelgesang uns von den Sorgen der Welt und den Fesseln des Alltags befreien und zu unserem Wohlbefinden beitragen kann. Aber die wenigsten können es so poetisch ausdrücken wie Thoreau.

Im Juni 1853 beschreibt Thoreau eine besondere Begegnung mit einer Walddrossel: „Dies ist der einzige Vogel, dessen Gesang mich wie Musik berührt [...]. Er erhebt und erheitert mich. Ist inspirierend. [...] Er verwandelt alle Stunden in einen ewigen Morgen."

Er konnte nicht wissen, wie richtig er mit seiner musikalischen Einschätzung lag – die Walddrossel folgt tatsächlich einer menschlichen Normaltonleiter.

An anderer Stelle beschreibt er den Gesang der Walddrossel im Detail: „Von ganzem Herzen, mit ihrem Leben und ihrer Seele schmettert sie eine reine und unvergleichliche Weise, hält dann inne und lässt ihrem Hörer und sich selbst Zeit, diese in angemessenen Intervallen zu verarbeiten."

Wer schon einmal eine Walddrossel gehört hat, wird Thoreaus Beschreibung der ruhigen Qualität des Gesangs zustimmen. Jede Phrase wird makellos vorgetragen, und vor dem Beginn der nächsten Phrase bleibt genügend Zeit, um die Schönheit der letzten nachklingen zu lassen.

Man könnte annehmen, dass die Wissenschaft dieses Wunder der Natur in nur allzu gewöhnlich scheinende Teile zerlegt. Aber das ist zum Glück nicht der Fall. Stattdessen fördert sie eine Einfachheit und Ordnung zutage, die zumindest mich nur noch mehr ins Staunen versetzt.

Der Gesang der Walddrossel besteht aus drei Phrasen – A, B und C. A ist die Einleitung mit einer kurzen Serie tiefer „Bup, bup, bup"-Noten,

B ist der bezaubernde, pfeifende, luftige Mittelteil und C der Triller zum Abschluss. Von allen drei Phrasen gibt es Variationen. Die durchschnittliche Walddrossel hat 1–3 A-Phrasen, 2–8 B-Phrasen und 6–12 C-Phrasen in ihrem Repertoire, die sie miteinander kombiniert und so pure Magie erschafft.

Interessanterweise kopiert sie den Mittelteil von anderen Walddrosseln, die in der Nähe leben. Dieser Mittelteil ist also ortsabhängig und wird von anderen lokalen Männchen erkannt. Man nimmt an, dass die A- und C-Phrasen entweder angeboren sind oder vom Individuum erfunden werden. Nur selten ist ein Vogelgesang so einfach zu verstehen und wertzuschätzen.

Die Wissenschaft hat noch eine weitere bemerkenswerte Tatsache über den Gesang der Walddrossel herausgefunden. Wenn man eine Aufnahme des Gesangs verlangsamt und ein Diagramm der Tonhöhe im Verlauf der Zeit erstellt (ein Sonagramm), zeigt sich etwas Außergewöhnliches: Die Walddrossel ist in der Lage, zwei Laute gleichzeitig zu produzieren.

Im Gegensatz zur menschlichen Stimme, die von den Stimmbändern in der Luftröhre (Trachea) produziert wird, stammt Vogelgesang aus einem Organ namens Stimmkopf oder Syrinx, das sich am unteren Ende der Luftröhre befindet, wo sich die beiden Bronchien in linke und rechte Lunge aufteilen. Aufgrund dieser Position am Scheideweg zweier Luftwege kann der Stimmkopf sich zwei Luftströme gleichzeitig zunutze machen. Daher ist das, was wir von manchen Vögeln hören, ein Gemisch aus zwei gleichzeitig dargebotenen Liedern. Die Walddrossel singt ein Duett mit sich selbst. Kein Wunder also, dass sie sich so meisterlich anhört.

WOCHE 16

Kuckuck

Cuculus canorus

WEITVERBREITETER SOMMERBESUCHER IN EURASIEN; ÜBERWINTERT IN SUBSAHARA-AFRIKA UND INDIEN, 32–34 cm

ES IST WIRKLICH BEEINDRUCKEND, WAS EIN paar klangvolle Noten vermögen. Jeden Frühling kehrt der Kuckuck aus seinen Überwinterungsgebieten nach Europa und Nordasien zurück und ruft seinen Namen. Diese einfachen Laute sind atmosphärisch und weit zu hören – und für eine wahre Flut menschlicher Kultur und Traditionen verantwortlich.

Die Stimme, die da durch Wälder, über Felder und offene Landschaften schallt, hängt fest mit dem Jahreszeitenwechsel zusammen, mit der Ankunft des Frühlings. In Tschechien sagt man, dass Schwalben den Frühling bringen, aber erst der Kuckuck wärmere Tage. Und das stimmt wirklich. Schwalben kehren bereits zurück, wenn der Wind noch kalt und schneidend ist, aber der Kuckuck kommt frühestens Mitte April. Er ist kein Bote des Frühlings, sondern er folgt ihm auf den Fersen.

In vielen Kulturen ist der erste gehörte Kuckucksruf des Jahres ein wichtiges Ereignis. Im Laufe der Jahrhunderte brachte er entweder Glück oder Pech. Einem deutschen Brauch zufolge sollte man zu dieser Gelegenheit den Geldbeutel hervorholen und schütteln, auf dass er gut gefüllt werden möge. Wer das versäumt, muss sich später mit Geldsorgen rumschlagen.

In Frankreich sollte der Geldbeutel während des ersten Kuckucksrufs schon gut gefüllt sein, und in Bulgarien braucht man darüber hinaus noch einen vollen Magen. Alles, um später im Jahr Glück zu haben.

In der Ukraine sagt die Ankunft des Kuckucks etwas über die Ernte aus. Sind die Blätter bereits grün, wenn sein Ruf erschallt, ist das ein gutes Zeichen. Aber wenn die Äste noch kahl sind, wird großes Unglück eintreten. Ein Dazwischen gibt es nicht. In Armenien ist Aufmerksamkeit angesagt: Im Spätfrühling mehren sich die Kuckucksrufe, was als Hinweis dafür gilt, dass die Erntezeit naht. Also immer schön die Ohren offen halten.

Der Aberglaube geht aber auch über Geld und Wohlstand hinaus. Die erste Begegnung des Jahres mit einem Kuckuck kann über Leben und Tod entscheiden. So glaubt man zumindest in Griechenland, denn wer beim ersten Kuckucksruf einen vollen Magen hat, wird für den Rest des Jahres gesund bleiben. Wer aber hungrig ist, sollte seinen Körper genau im Auge behalten. In einigen Ländern entspricht die Anzahl der Kuckucksrufe auch den noch bevorstehenden Lebensjahren.

Und wenig überraschend angesichts der Jahreszeit, in der er ruft, hat der Kuckuck auch hellseherische Kräfte in Liebesdingen. In der Ukraine prophezeit ein vor dem Haus rufender Kuckuck eine Hochzeit – vorausgesetzt, er sitzt auf einem Gewöhnlichen Schneeball. In Bulgarien hingegen sollte man das Flirten beim Ruf des Kuckucks einstellen und sich stattdessen lieber der Feldarbeit widmen.

In Schweden sieht man das Ganze mit einer Art typisch nordisch-makaberem Fatalismus. Ein Kuckuck im Norden bedeutet Trauer, im Süden Tod, im Osten Trost. Im Westen? Ist er am besten.

Dieser Kuckuckskult spiegelt sich natürlich auch in diversen Kunstformen und Erfindungen wider. Das beste Beispiel dafür sind die Kuckucksuhren aus dem Schwarzwald. 1740 fing die Produktion dieser Zeitmesser als Hausindustrie an. Angeblich sollte zuerst der Ruf eines Hahns (s. S. 85) verwendet werden, der in den Köpfen der Leute schon stärker mit dem Vergehen der Zeit verbunden war, aber der Kuckucksruf gewann aufgrund seiner Einfachheit und schlägt auch heute noch die Stunde.

Der Kuckuck hat seinen Weg auch in verschiedene Musikstücke und die Literatur gefunden. Den berühmtesten (wenn auch kurzen) Auftritt hat er wohl in Beethovens 6. Symphonie, *Pastorale,* die 1808 uraufgeführt wurde. Am Ende des zweiten Satzes, der *Szene am Bach,* stehen zwei Klarinetten für den Ruf des Kuckucks. Sie überlagern eine Wachtel (Oboe) und eine Nachtigall (Flöte). Die Musik erinnert stark an die Landschaft rund um Wien, wo Beethoven, ein Liebhaber des Landlebens und der Tierwelt, oft unterwegs war. Die Tierarten stehen für die Liebe (Nachtigall), Gottes Fürsorge (Wachtel) und den kommenden Frühling (Kuckuck), und es besteht kein Zweifel, dass Beethoven mit allen drei Vogelarten vertraut war. Es könnte sogar sein, dass er einmal die Rufe aller drei gleichzeitig gehört hat. Falls dem so war, gab es nur ein sehr kleines Zeitfenster am Tag und im Jahr, zu dem das passiert sein könnte. Wachteln rufen tagsüber nicht viel, weshalb es abends gewesen sein muss. Und es muss mit einiger Sicherheit im Mai gewesen sein, weil alle drei Vögel dann ihren gesanglichen Höhepunkt erreichen – wahrscheinlich könnte man es sogar auf die erste Woche des Monats eingrenzen.

Zur Uraufführung der Symphonie brachte der Kuckuck Beethoven allerdings kein Glück. Das Orchester hatte zu wenig geprobt, und die Veranstaltung war ein Desaster. Beethoven muss also 1808 seinen ersten Kuckucksruf des Jahres auf leeren Magen und ohne Geld in den Taschen gehört haben.

WOCHE 17

Sumpfzaunkönig

Cistothorus palustris

NORDAMERIKA, 10–14 cm

ICH FINDE, ES REICHT LANGSAM MIT DEN engelsgleichen Stimmen. Es wird Zeit, einen Gesang zu ehren, der in menschlichen Ohren nicht unbedingt meisterhaft klingt. Die ornithologischen Gründungsväter der USA hatten über den Gesang des Sumpfzaunkönigs wenig Gutes zu sagen. Alexander Wilson beschrieb ihn als „defizitär und verachtungswürdig". John James Audubon stellte sogar infrage, ob der Gesang überhaupt als solcher zu bezeichnen sei. Hat nicht jeder Vogel mal einen schlechten Tag?

Ich finde, der Gesang des Sumpfzaunkönigs löst weniger Verachtung als vielleicht Belustigung aus. Er versprüht eine Art übermütige Freude. Und wer zu dieser Jahreszeit ein beliebiges mit blühenden Rohrkolben gefülltes Sumpfgebiet in Nordamerika aufsucht, kann diese Freude mit großer Wahrscheinlichkeit mit eigenen Ohren hören. Ein Rasseln folgt auf ein Gurgeln, dann kommen ein Blubbern, kleine Surrer, ein Zischen und Geräusche, die fast mechanisch klingen. Einige der Gesänge wurden treffenderweise mit dem rhythmischen Surren einer altmodischen Nähmaschine verglichen – ein Sänger, der wie eine Singer klingt. Wer die Augen schließt, wähnt sich vielleicht auf einem Friedhof für aufziehbare

Spielzeuge statt in einem Feuchtgebiet. Es hat auf jeden Fall etwas Kathartisches, versprochen.

Die Ornithologen von anno dazumal, die den Sumpfzaunkönig runtermachten, haben aber etwas Wichtiges übersehen: Der Sumpfzaunkönig bemüht sich. Er ist Anstrengung in Vogelform. Zur Frühlingsmitte, also ungefähr jetzt, singen Sumpfzaunkönige oft die ganze Nacht lang, als wären sie aufgedrehte Kinder auf einer Übernachtungsparty. Manchmal machen sie kaum eine Pause zwischen den einzelnen Gesangssalven (erneut bietet sich der Vergleich mit Kindern an ...). Diese Hingabe ist selbst aus der Entfernung ermüdend.

Das Verhalten des Sumpfzaunkönigs zeigt uns etwas, was wir vielleicht nicht von der Realität der Fortpflanzung in der Wildnis erwartet hätten. Er ist nämlich ein bisschen verzweifelt. Unseren Ahnen und manchen zeitgenössischen Literaturschaffenden gefiel der Gedanke, dass Vogelgesang Freude ausdrücken soll. Aber die Biologie erzählt eine gänzlich andere Geschichte. Es ist unmöglich, festzustellen, ob ein Vogel sich freut. Es ist nicht messbar. Ein Vogel fühlt sich beim Singen vielleicht wie ein richtiger Draufgänger, wenn er gut bei den Weibchen ankommt, aber das entspricht noch lange nicht unserer Definition von Freude.

Er ist Anstrengung in Vogelform. Zur Frühlingsmitte singen Sumpfzaunkönige oft die ganze Nacht lang.

Außerdem ist Vogelgesang von Natur aus ein Wettbewerb. Die Männchen singen, um ein Revier zu markieren und eine Geschlechtspartnerin anzulocken. Ein Vogel mit Revier schließt Männchen ohne aus. Manche Männchen finden keine Partnerin, selbst wenn sie ein Revier haben. Man muss nur den Sumpfzaunkönigen in Aktion zuhören, um diesen Eifer zu spüren. Ein Männchen fängt an und steckt damit sofort das nächste an, oft noch bevor die Phrase beendet ist, sodass die beiden Stimmen um die akustische

Vorherrschaft kämpfen. Dieses Phänomen nennt man auch Kontergesang. In besonders aggressiven Fällen singt ein Vogel ein bestimmtes Lied, und der andere singt exakt dasselbe nach und will damit nichts anderes sagen als „Ich singe diese Phrase besser als du".

Das Wirrwarr des Sumpfzaunköniggesangs ist auch deshalb so wild, weil die Weibchen auf der Suche nach Qualität und nicht Exklusivität sind. Manche Männchen verpaaren sich mit zwei oder drei Weibchen. Das aber wiederum bedeutet, dass manche Vögel sich überhaupt nicht verpaaren und die Saison als Misserfolg verbuchen müssen. In einer Studie in Manitoba fand man 10 nicht verpaarte, 53 monogame, 48 bigame und 9 trigame Männchen. In einer Welt, in der alles gut und der Gesang nur zur Freude ist, hätten die neun trigamen Männchen es ihren Weibchen erlaubt, sich auch mit den nicht verpaarten Männchen zu verpaaren.

Aber so funktioniert das nicht in der Natur. Es ist ein Wettbewerb, und manchmal ein ziemlich harter. Die Vögel sind deshalb so versessen, weil das Versagen einen hohen Preis hat. Vielleicht werden sie keine nächste Saison erleben. Vielleicht ist diese Saison ihre einzige Chance, sich fortzupflanzen.

Ich empfehle also einen Spaziergang in einem Sumpfgebiet, um sich an diesem Spektakel zu erfreuen. Ich kann nur nicht garantieren, dass es für die Vögel ein ebenso freudvoller Anlass ist.

WOCHE 18

Schwarzkehl-Nachtschwalbe

Antrostomus vociferus

NORDAMERIKA; ÜBERWINTERT IM SÜDEN BIS COSTA RICA, 22–25 cm

WAS FÜR DIE EUROPÄISCHE FILMSZENE DIE EULE ist, ist für die amerikanische die Schwarzkehl-Nachtschwalbe. Eulen sind melancholisch, Schwarzkehl-Nachtschwalben seltsam und beunruhigend. Beide sind ideal, um eine Atmosphäre nächtlicher Gefahr zu schaffen.

Eigentlich sollte die Schwarzkehl-Nachtschwalbe ein unbekannter Vogel sein, der unter dem menschlichen Radar fliegt. Sie ist mittelgroß, braun, stark gemustert und versteckt sich mithilfe dieser Tarnung tagsüber, sodass man sie auf Wiesen kaum und auf dem Waldboden – wo sie ihre Tage verbringt – so gut wie gar nicht entdecken kann. Selbst eingefleischte Vogelfans haben Glück, wenn sie auf einer nächtlichen Schwarzkehl-Nachtschwalben-Exkursion mit Taschenlampen und Autoscheinwerfern ein Exemplar zu Gesicht bekommen; die Chance, dass jemand einfach so über eine Schwarzkehl-Nachtschwalbe stolpert, ist verschwindend gering.

Aber die Schwarzkehl-Nachtschwalbe hat sich mit ihrem lauten, klaren und repetitiven Ruf in die Köpfe Amerikas eingeprägt. Auf Englisch lautet ihr Name „Whip-poor-will“, die perfekte Lautmalerei ihres Rufes. Zwischen dem „Whip“ und dem „Poor-will“ legt sie eine kurze Pause ein, zwischen den einzelnen Phrasen jedoch kaum.

Insgesamt wirkt der Gesang wie ein klares, fließendes Flöten.

> *Die Schwarzkehl-Nachtschwalbe hat sich mit ihrem lauten, klaren und repetitiven Ruf in die Köpfe Amerikas eingeprägt.*

Im Gegensatz zu heute war dieses Mitglied der Nachtschwalbenfamilie (s. Ziegenmelker, S. 104) früher sehr viel allgegenwärtiger, insbesondere im ländlichen Süden der USA. Die Schwarzkehl-Nachtschwalbe wurde in Werken wie Harper Lees *Wer die Nachtigall stört* und Washington Irvings *Die Sage von der schläfrigen Schlucht* verewigt. Aber auch in der Musik hat sie ihre Spuren hinterlassen: In Hank Williams' Ballade *I'm So Lonesome I Could Cry* begegnet der Liedschreiber einem offenbar besonders bemitleidenswerten Individuum: „Hear that lonesome whippoorwill, he sounds too blue to fly" (Lausche der einsamen Schwarzkehl-Nachtschwalbe, sie ist zu bedrückt zum Fliegen). Ebenfalls findet sich der Ruf des Vogels in mehreren Horrorfilmen wieder, die im Deep South spielen, wo sie eine willkommene Abwechslung vom schaurigen Ruf des Eistauchers *(Gavia immer)* bieten, der eigentlich eher im Norden des Kontinents an Seeufern brütet.

Es gibt noch eine weitere Referenz in der Literatur, die ein etwas anderes Licht auf diese geisterhafte Stimme wirft. In der Kurzgeschichte *The Whip-Poor-Will* des US-amerikanischen Schriftstellers und Humoristen James Thurber wird der Protagonist nachts von dem unablässigen Rufen einer Schwarzkehl-Nachtschwalbe wach gehalten, was ihn schließlich in den Wahnsinn treibt – und ihn zu einem Rachefeldzug ausrücken lässt.

Diese makabre Geschichte illustriert sehr anschaulich, dass die Schwarzkehl-Nachtschwalbe dazu neigt, ihren Ruf unvorstellbar oft zu wiederholen. Es existiert ein Bericht, laut dem ein Exemplar 1.088 Rufe in raschem Tempo und ohne Pause von sich gegeben hat. Vielleicht ist es also gar nicht so unrealistisch, dass man den Verstand verliert, wenn man den Ruf der Schwarzkehl-Nachtschwalbe nicht mag.

Am 7. Mai 2001 machte sich der legendäre Vogelgesangsexperte und Autor Don Kroodsma eines Abends auf den Weg, um herauszufinden, wie oft die Schwarzkehl-Nachtschwalbe ruft. Er verbrachte die Nacht draußen in der Nähe seines Zuhauses in Massachusetts und verfolgte einen rufenden Vogel zu Fuß und mit dem Fahrrad. Und zählte. „Ich addierte meine stündlichen Zählungen: 2.500 (von 20:10 bis 21 Uhr), 1.680, 2.570, 2.112, 2.344, 2.007, 2.440, 2.466, 2.590 und 189 für die paar Minuten nach fünf Uhr morgens macht 20.898 Rufe. Zwei, null, acht, neun, acht. Zwanzigtausendachthundertachtundneunzig."

Kroodsmas Wiederholung dieser Zahl zeigt, wie erstaunt er von der Unermüdlichkeit seines Subjekts war. Vielleicht zeigt es auch, wie man es in dieser Welt schafft, Aufmerksamkeit auf sich zu ziehen.

WOCHE 19

Bankivahuhn

Gallus gallus

INDIEN UND SÜDOSTASIEN BIS PHILIPPINEN; DOMESTIZIERT WELTWEIT, 41–78 cm

VIELE MENSCHEN ERFREUEN SICH AM Morgenkonzert der Vögel. Aber es gibt eine Art, die mehr menschliche Ohren über den Tagesanbruch informiert als alle anderen – der gewöhnliche Hahn. Sein Vorfahr ist das Bankivahuhn, eine Vogelart, die in Indien und Südostasien noch immer weit verbreitet ist.

Das Krähen eines Bankivahahns entspricht nicht ganz dem eines Haushahns. Der Bankivahahn klingt wesentlich heiserer, und es fehlt das uns nur allzu bekannte triumphierende Finale. Aber auch wenn man das sehr elegante Wildtier nicht mit eigenen Augen sieht, sondern nur hört, ist die Verwandtschaft nur schwer von der Hand zu weisen. Auch der Bankivahahn kräht mit Vorliebe in der Dämmerung.

Die Wissenschaft geht davon aus, dass Hühner vor mindestens 5.000 Jahren domestiziert wurden, weshalb es wahrscheinlich ist, dass uns der Hahnenschrei im Laufe der Menschheitsgeschichte vertrauter geworden ist als der Ruf irgendeines anderen Vogels. Heutzutage findet man Hühner überall; mit einem geschätzten (und meist in Gefangenschaft gehaltenen) Bestand von 23 Milliarden Tieren gelten sie sogar als die zahlenstärkste Vogelart der Welt und sind uns zahlenmäßig weit überlegen.

Das Huhn spielt eine wichtige, wenn auch unglückliche Rolle in unserer Ernährung.

Aber in seiner Funktion als Wecker auf zwei Beinen hat der Hahn eine zutiefst symbolische Bedeutung für die Menschheit erlangt. Wie der US-amerikanische Schriftsteller Henry Thoreau in einem Tagebucheintrag aus dem Juli 1852 schrieb: „Als ich des Wegs kam, ertönte die ganze Erde, vom östlichen bis zum westlichen Horizont, vom Krähen der Hähne, und als ich an einem Hof vorbeiging, sah ich auf dem höchsten Geländer einen weißen Hahn, der seine Herausforderung an das künftige Schicksal schmetterte. Dieser Gruß ging um die Welt [...]"

Die Wissenschaft geht davon aus, dass Hühner vor mindestens 5.000 Jahren domestiziert wurden, weshalb es wahrscheinlich ist, dass uns der Hahnenschrei vertrauter geworden ist als der Ruf irgendeines anderen Vogels.

Der Hahnenschrei beschwört die Morgendämmerung herauf und beschert uns Morgenfrische und die Chance, jeden Tag als Neuanfang zu sehen. Er ist wie der Reset-Knopf der Natur. Bis ein Tag verlebt wurde, wissen wir nicht, wie er werden wird, und das Krähen des Hahns steht oft für Optimismus und unzählige Möglichkeiten – und Herausforderungen. Er gibt uns auch eine Chance auf Erlösung. In dem Bericht über die Leiden Christi in den Evangelien des Neuen Testaments sagt Jesus voraus, dass sein Jünger Petrus ihn in jener schrecklichen Nacht noch vor dem Hahnenschrei dreimal verleugnen werde. Und tatsächlich: In Angst um sein eigenes Leben wird Petrus sich erst mit dem Hahnenkrähen gewahr, was er getan hat. Aber die Stimme des Tagesanbruchs markiert auch das Ende von Petrus' Verleugnung und bildet die Basis für seine spätere Rückkehr als Jünger.

Der Hahnenschrei ruft nicht nur den neuen Tag herbei und schenkt uns wieder und wieder die Chance eines neuen Tages, sondern er verbannt auch die Nacht und alles, was diese mit sich bringt. Wie der große englische Dramatiker William Shakespeare uns in *Hamlet* erinnert, können wir mit der Ankunft der Morgendämmerung beruhigt sein, dass die nächtlichen Schrecken vorbei sind:

Der Hahn, der als Trompete dient dem Morgen,
Erweckt mit schmetternder und heller Kehle
Den Gott des Tages, und auf seine Mahnung,
Sei's in der See, im Feu'r, Erd' oder Luft,
Eilt jeder schweifende und irre Geist
In sein Revier; ...

Ich glaube, wir alle können froh sein, dass sich die irren Geister zumindest tagsüber zurückziehen.

Angesichts dessen könnte man meinen, dass sich die meisten Menschen über einen krähenden Hahn freuen, aber wie so oft übersieht die Literatur die simple Tatsache, dass manche Menschen nur ungern in aller Herrgottsfrühe geweckt werden. Der landläufigen Meinung zufolge teilt sich die Menschheit in die Lerchen, die aufwachen, ohne dass nachgeholfen werden müsste, und in die Nachteulen, die erst nach Einbruch der Dunkelheit aufblühen. Jeden einzelnen Tag verfluchen also Milliarden von Menschen den pflichtbewusst krähenden Hahn.

Vor einigen Jahren schaffte es diese Abneigung im Vereinigten Königreich sogar in die Schlagzeilen. Ein Anwalt, der in ein verschlafenes Dorf auf dem Land gezogen war, entdeckte, dass dieses Dorf gar nicht so verschlafen war, und versuchte, seine Nachbarn dafür zu verklagen, dass sie einen Hahn besaßen, der ihm Schlafmangel bescherte. Obwohl er wahrscheinlich auch für seine zahlreichen Leidensgenossen kämpfte, verlor er den Prozess glücklicherweise.

WOCHE 20

Gelbscheitel-Waldsänger

Setophaga pensylvanica

ÖSTLICHES NORDAMERIKA; ÜBERWINTERT IN DER KARIBIK BIS INS NORDWESTLICHE SÜDAMERIKA, 10–14 cm

IN DEN KURZEN, ABER ENTHUSIASTISCHEN Phrasen des Gelbscheitel-Waldsängers verbirgt sich eine Geschichte. Dieser kleine Wirbelwind ist wegen seines ungewöhnlichen und schönen Federkleids ein Liebling amerikanischer Vogelfans. Sein Gesang, normalerweise von einem Triller gekrönt, ist kaum anders als fröhlich zu bezeichnen und wird oft als „pleased, pleased, pleased to MEETCHA" in menschliche Sprache übertragen, als würde er sich freuen, uns kennenzulernen.

Aber der „Meetcha"-Triller fehlt manchmal; dann freut sich der Gelbscheitel-Waldsänger also aus nicht näher definiertem Grund. Wer nur ein bisschen seinem Gesang lauscht, könnte meinen, dass die Männchen den Triller hin und wieder einfach vergessen – immerhin haben sie auch noch andere Dinge zu tun, wie ein Revier zu verteidigen und Futter zu suchen.

Doch das ist nicht die Erklärung für dieses Phänomen. Der Gelbscheitel-Waldsänger hat zwei unterschiedliche Liedtypen, die in der Forschung als akzentuiertes Ende (AE, mit „meetcha") und unakzentuiertes Ende (UE, ohne „meetcha") bezeichnet werden. Warum einfach, wenn's auch kompliziert geht?

Der Unterschied mag in unseren Ohren gering sein, aber Studien haben ergeben, dass die beiden Lieder unterschiedliche Funktionen und Ursprünge haben und sich an zwei unterschiedliche Zielgruppen richten. Das eine ist für männliche Zuhörer bestimmt, also Rivalen, und dem anderen schenkt hoffentlich ein Weibchen Gehör – nämlich die (potenzielle) Geschlechtspartnerin.

Wenn die Männchen im Frühling im Brutgebiet eintreffen, singen sie fast ununterbrochen. Das können bis zu 250 Wiederholungen die Stunde oder vier Wiederholungen die Minute sein. Interessanterweise singt es zu dieser Zeit nur den AE-Typ (es freut sich also, uns zu kennenzulernen) oder fügt den UE-Typ nur sehr selten zwischendurch ein. Wie bei vielen transkontinentalen Zugvögeln der nördlichen Hemisphäre ist es auch beim Gelbscheitel-Waldsänger so, dass die Männchen lange vor den Weibchen, meist sogar einige Wochen vorher, im Brutgebiet ankommen. Während sie auf die Weibchen warten, besetzen die Männchen ein Revier. Und da diese Männchen den AE-Typ singen, liegt es nahe, dass dieser Gesang für die Rivalen gedacht ist.

Sobald die Weibchen eintreffen, schallt der UE-Typ durch das vom Gelbscheitel-Waldsänger für die Brut bevorzugte Gestrüpp. Sobald sie verpaart sind, steigert sich der UE-Anteil. Während der Brutsaison werden die Männchen in der Morgendämmerung aktiv und beteiligen sich am Morgenkonzert. Eine halbe Stunde lang singen sie fast nur das UE-Lied, bevor sie für den Rest des Tages hauptsächlich den AE-Typ trällern. Daraus folgt, dass sie sich morgens an ihre Partnerinnen und nicht an ihre Rivalen richten. Die wichtigste Nachricht, nämlich die erste des Tages, senden sie an die Weibchen aus. Die Weibchen sind in der Regel am Morgen am fruchtbarsten, daher ergibt es Sinn, dass die Männchen sich bemerkbar machen und sicherstellen, dass ihre Partnerinnen in der Nähe – und ihre Partnerinnen – sind.

Genaue Analysen der beiden Lieder haben interessante Ergebnisse zutage gefördert. In einer Laborstudie fand man heraus, dass mit der Hand aufgezogene Männchen von Natur aus nur den AE-Typ singen.

Wenn sie kein lebendiges Vorbild hatten, lernten sie den UE-Typ nicht. Die Forschenden fanden auch heraus, dass Männchen, die ein Vorbild haben, anfangen, ihre eigenen Lieder zu improvisieren.

Wie auch schon in anderen Kapiteln dieses Buches beschrieben, zahlt sich Improvisationstalent für die Männchen aus. Ein gutes Repertoire deutet meist auf eine gute biologische Fitness hin. Ein großes UE-Repertoire sollte also auf Weibchen anziehend wirken.

Warum dann überhaupt den AE-Typ singen, wo doch der UE-Typ viel aufregender ist? Die Antwort: Bei der Ankunft im Brutgebiet ist die erste Aufgabe des Männchens, seine eigene Anwesenheit zu verkünden. Für diese einfache Nachricht an seine Rivalen braucht es keinen Erfindungsreichtum – nur die Absicht zählt. Die Wiederholungszahl und Vehemenz des Gesangs bieten einen guten Anhaltspunkt dafür, wie fit und entschlossen ein Individuum ist.

Aber wenn die Weibchen eintreffen, reicht das nicht mehr. Die Männchen müssen kreativer sein, um sich von ihren Mitbewerbern abzuheben.

Aber der AE-Typ dient auch als eine Art Versicherung. Während die meisten Männchen im Frühling an ihren Geburtsort zurückkehren, ist es bei den Weibchen wahrscheinlicher, dass sie zu Beginn der Brutsaison umherziehen. Wenn Männchen ein Standardlied singen, das keine individuellen oder lokalen Variationen hat, zeigen sie so den Weibchen, dass männliche Vertreter ihrer Art vor Ort sind.

Faszinierenderweise fanden die Forschenden außerdem anhand von alten Aufnahmen heraus, dass der AE-Typ über die Jahre größtenteils gleich geblieben ist, während sich der UE-Typ mit der Zeit verändert hat.

Je mehr sich die Dinge verändern, desto beständiger bleiben sie gleich.

WOCHE 21

Wechselkuckuck

Hierococcyx varius

INDIEN BIS THAILAND UND SRI LANKA, 33 cm

MENSCHEN AUF DER GANZEN WELT KÖNNEN DIE erhebende Wirkung von Vogelgesang bestätigen. Schon seit ewigen Zeiten erfreuen wir uns daran. Vogelgesang hat arme, reiche und dichtende Menschen inspiriert. Neuere Forschungen haben ergeben, dass Vogelgesang gut für die mentale Gesundheit ist (s. S. 34).

Vielleicht sollte das mal jemand den Menschen in Indien und anderen Regionen Südasiens sagen. Die sind nämlich mitunter der Meinung, dass Vogelgesang nicht immer nur angenehm ist, sondern hin und wieder auch reichlich störend sein kann. Es mag ja sein, dass Vogelgesang manchmal gute Laune macht. Aber es gibt leider auch einen Vogel, der sie einem richtig verhagelt.

Es mag ja sein, dass Vogelgesang manchmal gute Laune macht. Aber es gibt leider auch einen Vogel, der sie einem richtig verhagelt.

Darf ich vorstellen: der Wechselkuckuck. Auf Englisch trägt er den Beinamen „Gehirnfiebervogel“.

„Ich hasse Wechselkuckucke“, erzählt mir ein Freund. „Die hören einfach nie auf zu rufen, egal, ob Tag oder Nacht. Vor dem Monsun ist es fast so, als würde sich die in der Luft liegende Spannung in diesen Ruf kristallisieren.“

Wer diese Reaktion verstehen will, muss den Wechselkuckuck gehört haben. Sofort fallen die Lautstärke und die repetitive Natur des Rufs auf, der oft zehnmal oder öfter wiederholt wird. Er wurde oft als Kreischen bezeichnet, was allerdings nicht sonderlich nett klingt. Es ist eher ein lautes Pfeifen. Aber das, was den Ruf wirklich einzigartig macht, ist, dass er mit jeder Wiederholung schneller und höher wird. Er vermittelt den Eindruck zunehmender Panik. „Na lo-os“, ruft er am Anfang. Und wird dann immer unhöflicher: „Na LO-OS!“ Zum Ende hin wird sein Flehen schriller und aufdringlicher, als würde er gleich durchdrehen. Schnell macht man sich Sorgen um den seelischen Zustand der Tiere, denn es scheint nicht so, als würden ihre Bedürfnisse jemals an Dringlichkeit abnehmen.

Das, was den Ruf wirklich einzigartig macht, ist, dass er mit jeder Wiederholung schneller und höher wird. Er vermittelt den Eindruck zunehmender Panik.

Nun stelle man sich vor, diesen Ruf den ganzen Tag zu hören oder, noch schlimmer (aber durchaus üblich), die ganze schwül drückende Nacht lang. Schon ist es gar nicht mehr so verwunderlich, dass Menschen diese Lautäußerung nicht als förderlich für ihre mentale Gesundheit betrachten.

Es wäre schön, wenn der Wechselkuckuck wenigstens abgesehen davon, dass er Menschen in den Wahnsinn treibt, ein unbescholtenes Leben führen würde. Und wer weiß, vielleicht verurteilen ihn manche nicht für sein Verhalten, denn es wäre vermenschlichend, dem Vogel eine Boshaftigkeit nachzusagen, nur weil er seinen evolutionären Vorgaben folgt – aber der

Wechselkuckuck ist und bleibt ein Kuckuck und damit parasitär.
Die Weibchen legen ihre Eier in die Nester anderer Arten (hauptsächlich der verbreiteten und vorwiegend in Asien vorkommenden Timalien), auf dass diese sich um den Nachwuchs kümmern mögen. Die Jungen des Wechselkuckucks machen sogar die Laute der anderen Vogeljungen nach.

Die Weibchen legen ihre Eier in die Nester anderer Arten, auf dass diese sich um den Nachwuchs kümmern mögen.

Und sobald sie ausgewachsen sind, wünschen sich sehr viele Menschen, dass sie einfach mal den Schnabel halten.

WOCHE 22

Rotspottdrossel

Toxostoma rufum

ÖSTLICHES NORDAMERIKA, 23–30 cm

MANCHMAL IST ES UNVORTEILHAFT, EINEN Star – und ich meine nicht den Vogel – in der näheren Verwandtschaft zu haben. Amerika könnte seine Rotspottdrosseln, einige der einfallsreichsten Sängerinnen der Vogelwelt, über die Maßen feiern. Aber stattdessen interessiert man sich dort nur – vielleicht abgesehen von ein paar engagierten Vogelfans – für ihre Cousine, die Gartenspottdrossel (s. S. 121). Was wieder einmal zeigt: Nur die Harten kommen in den Garten.

Die Rotspottdrossel ist zu zurückhaltend, als dass sie jemals eine wahre Ikone werden könnte, singt sie doch meistens aus einem Versteck heraus. Gartenspottdrosseln stolzieren über den Rasen, Rotspottdrosseln schleichen lieber durchs Gebüsch. Die Gartenspottdrossel scheint alle Blicke auf sich ziehen zu wollen, die Rotspottdrossel ist das genaue Gegenteil. Sie konzentriert sich lieber ganz auf ihr Gesangstalent, das sich doch etwas von dem ihrer Cousine unterscheidet.

Rotspottdrosseln sind im östlichen Nordamerika weit verbreitet und ihr Gesang ist wohlbekannt. Er besteht aus einer langen Phrase, die man vielleicht als Schwafelei abtun könnte, aber das wird der klaren Artikulation und ihren endlosen Variationen nicht gerecht. Jedes Element wird durchschnittlich eineinhalb Mal wiederholt, in einem Monolog, der keinen wirklichen Anfang und kein wirkliches Ende kennt. Aber zwischen den einzelnen Elementen gibt es eindeutige Pausen. Die Rotspottdrossel fängt einfach unvermittelt an, singt und hört dann plötzlich wieder auf.

Man kann dem Gesang der Rotspottdrossel leicht Wörter andichten, sich selbst ausdenken, was sie sagen möchte. Wie wäre es mit „Hör mich, hör mich, Rotspottdrossel, Rotspottdrossel, versteckt, versteckt, findest du mich? Gebüsch, Gebüsch, unten, unten …"? Aber das ist nur ein Vorschlag.

Man darf bei diesem Spiel ruhig erfinderisch sein, denn das ist das Rotspottdrosselmännchen auch. Sogar so sehr, dass es während des Singens spontan entscheidet, was als Nächstes kommt – ein Verhalten, das unter Singvögeln so gut wie nie vorkommt. Manche Elemente werden wiederverwendet, aber erst, wenn seit ihrer letzten Nutzung einige Zeit vergangen ist. Mindestens ein paar seiner Motive schaut sich das Männchen von anderen Vogelarten ab, aber der Anteil ist eher gering. Die Männchen scheinen sich auch untereinander kaum zu kopieren oder voneinander zu lernen.

Das Ergebnis ist mehr als beeindruckend. Die Rotspottdrossel hat das größte Repertoire aller bekannten Vogelarten. Forschende haben herausgefunden, dass einzelne Männchen 2.000 bis 3.000 unterschiedliche Motive verwenden. Viele davon singt nur ein Individuum. Wenig überraschend fühlen sich die Weibchen von Männchen mit einem großen Repertoire besonders angezogen.

Die Rotspottdrossel hat das größte Repertoire aller bekannten Vogelarten. Forschende haben herausgefunden, dass einzelne Männchen 2.000 bis 3.000 unterschiedliche Motive verwenden.

Das alles macht es einfach unfair, dass die Rotspottdrossel im Schatten der Gartenspottdrossel steht. Noch dazu sind Rotspottdrosseln mit ihrer satten kastanienbraunen Färbung und ihren kräftigen schwarzen Streifen auf der Brust in manchen Augen hübscher als ihre Verwandten. Fachleute würden außerdem anerkennen, dass ihr Gesang langsamer, charakteristischer und üppiger klingt als der der Gartenspottdrossel.

Jedes Element wird durchschnittlich eineinhalb Mal wiederholt, in einem Monolog, der keinen wirklichen Anfang und kein wirkliches Ende kennt.

Aber anscheinend ist Talent nur die eine Seite der Medaille. Und das Auftreten die andere.

WOCHE 23

Goldammer

Emberiza citrinella

EURASIEN BIS IN DIE MONGOLEI, 16–16,5 cm

MIT DER SOMMERSONNENWENDE WERDEN die Tage in der nördlichen Hemisphäre wieder kürzer. Der Frühling ist vorbei, und auch die Jahreszeit des Vogelgesangs geht langsam zu Ende. Das Morgenkonzert liegt in seinen letzten Zügen; nur noch ein paar Arten, die mehrere Brutversuche wagen, lassen vereinzelt ihre Stimmen hören.

In solchen Zeiten hebt es die Laune, wenn ein paar Vögel anscheinend taub gegenüber diesen Veränderungen sind und trotz der Jahreszeit aus vollem Halse singen. In Europa kommt diese Aufgabe der Goldammer zu. Sie zieht mehrere Jahresbruten auf, und ihre Männchen sind mit ihrem nicht nachlassenden Gesangstrieb zwar nicht allein auf weiter Flur, aber ziemlich allein in den Hecken der nördlichen Breitengrade. Im Juni wiederholen sie ihr Lied teilweise bis zu 7.000 Mal am Tag.

Ihre Tendenz, den ganzen Sommer über zu singen, wurde von Literaturschaffenden und Dichtenden wohlwollend zur Kenntnis genommen. In seinem Gedicht *The Leprechaun or Fairy Shoemaker* schreibt beispielsweise der irische Dichter William Allingham:

Kleiner Hirte, was dringt an dein Ohr
An des Walles grünem Rand?
Wehmütig trägt der gelbe Vogel vor
Sein Geseufz dem schwülen Felderband.
Zi zi zi zi zi zieeeeh! –
Grashüpfer und Bienen, sieh nur, sieh!

Und in der Tat besteht die einzige Begleitung für die Goldammer oft nur aus zirpenden Grashüpfern und summenden Bienen. Der Gesang kann zwar korrekterweise mit „zi zi zi zi zieeeh" wiedergegeben werden, bekannter und einprägsamer dürfte jedoch „Wie, wie, wie hab ich dich lieeeb" sein. Anderen Beschreibungen zufolge hört sich der Gesang wie eine Reihe trockener Noten an, in deren Folge der Vogel außer Atem gerät und am Ende tief Luft holen muss.

Aber abgesehen von der überaus erfreulichen Tatsache, dass wir durch die Goldammer auch den Sommer über und nachmittags in den Genuss von Vogelgesang kommen, unterliegen die Vögel doch der Plage, die das Leben aller Singvögel bestimmt: Der Trubel der Hochsaison mag vorbei sein, aber das heißt noch lange nicht, dass die Konkurrenz schläft. Das Männchen muss weiterhin gut klingen und aussehen, wenn es die Aufmerksamkeit seiner Partnerin halten will.

Der Gesang sagt viel über einen Vogel aus, denn er kann nur so gut wie seine körperlichen Voraussetzungen sein. Für einen Vogel ist Singen ein bisschen wie die Veröffentlichung einer künstlerischen Arbeit, wobei die Vögel um ihn herum – sowohl Rivalen als auch potenzielle Partnerinnen – die Rolle der Rezensierenden einnehmen. Und die sind brutal. Wildvögel mit ihrer kurzen Lebensspanne und dem Druck, ihr genetisches Material weiterzugeben, können es sich nicht leisten, sich mit etwas Suboptimalem zufriedenzugeben. Die Folge davon? Die Männchen verdrängen einander, und schlechte Sänger werden von potenziellen Partnerinnen ignoriert. Das Goldammermännchen muss abliefern. Wessen Repertoire im Vergleich zu denen der Rivalen zu wünschen übrig lässt oder wer nicht mit dem nötigen Elan singt, setzt sein Brutpotenzial und damit seinen gesamten Daseinszweck aufs Spiel.

Doch bei Goldammern stellt sich nicht nur die Singfrage, sondern auch die Senffrage. Die Männchen müssen gelb genug sein und auch einige rote Akzente in ihrem Federkleid vorweisen können. Goldammerweibchen nehmen Rot besonders wahr. Nur mit „gelber Brust und dem Kopf aus massivem Gold" daherzukommen, wie es der romantische Dichter John Clare in seinem Gedicht *The Yellowhammer* beschreibt, reicht eben nicht.

Die normale Körperchemie von Vögeln ist nicht in der Lage, gelbe Pigmente herzustellen. Stattdessen müssen sie aus der Umwelt kommen – und das erfordert einigen Aufwand. Die Hauptquelle der benötigten Carotinoide sind Pflanzenblätter, aber da Goldammern Pflanzenblätter nicht direkt fressen, müssen sie Pflanzenblätterfresser fressen, und die kommen hauptsächlich in Form von Raupen auf den Speiseplan. Ich nehme an, dass es sehr mühsam ist, die Mauser (die in der Regel im Juli stattfindet) mit der Suche nach Raupen zu verbringen, wo es doch im Sommer so viele andere, womöglich besser verfügbare, Futterquellen gibt. Aber so ist das eben. Belohnt werden die Männchen für diese Mühen im nächsten Frühling. Experimente haben gezeigt, dass eine höhere Aufnahme von Carotinoiden zu einer stärkeren Gelbfärbung des Vogels führt.

Rote Pigmente, die sich an manchen Stellen im Gefieder der Goldammer zeigen, werden ebenfalls aus Carotinoiden hergestellt, aber dazu sind ein paar zusätzliche physiologische Schritte vonnöten. Die eigentliche Rechnung aber ist ganz einfach: Je gesünder ein Vogel ist, desto mehr Kapazitäten hat er, seine Kräfte neben dem alltäglichen Überleben in diesen Aufwand zu stecken. Das Rot im Gefieder ist ein Zeichen für biologische Fitness. Und passenderweise nehmen Vögel durch ihre drei Arten von Zapfenzellen im Auge Farben stärker und facettenreicher wahr als wir Menschen, die wir nur über zwei Arten verfügen. Goldammerweibchen können ein Goldammermännchen also womöglich schon aus einem Kilometer Entfernung beurteilen.

Das Leben des Goldammermännchens ist wirklich kein leichtes.

WOCHE 24

Ziegenmelker

Caprimulgus europaeus

EURASIEN; ÜBERWINTERT IM SÜDLICHEN AFRIKA,
24–28 cm

JEDEN SOMMER VOLLFÜHREN VOGELFANS EIN besonderes Ritual, um einen der merkwürdigsten Vogelrufe der Welt zu hören. Diese Exkursionen finden in den kürzesten Nächten des Jahres statt, in kleinen Gruppen, die mit Fackeln und Insektenschutzmitteln ausgestattet sind. Die Exkursionen beginnen in der Dämmerung und führen in die Heide, deren Pflanzen bei Nacht einen süßlich-aromatischen Duft verströmen. Das Ziel ist eine offene, aber nicht zu weit von einem Waldrand entfernte Stelle. Dann, während es immer dunkler wird, heißt es warten. Die meisten Menschen sind es nicht gewohnt, nachts in der Natur zu sein, daher liegt oft Aufregung und Verheißung in der Luft. Langsam zeigen sich die ersten Sterne und Planeten am Nachthimmel. Manchmal durchschneidet der Ruf einer Eule die Stille. Oft surren andere nachtaktive Vögel an den Köpfen vorbei, wie die Waldschnepfe, ein langschnäbeliger Vogel, der im feuchten Waldboden nach Würmern sucht. Sie gleitet über die Baumkronen und lässt ein kurzes, gurgelndes Krächzen hören, gefolgt von einem lauten Fiepen. Es klingt ein bisschen wie das Quaken eines Frosches, bevor dieser die Bekanntschaft einer unaufmerksamen Schuhsohle macht.

In der absoluten Dunkelheit fangen Motten an zu tanzen, und Mücken steigen auf. In der Ferne gehen Lichter an. Es liegt so viel Spannung in der Luft, dass man sie fast mit Händen greifen kann. Die Exkursionsgruppe ist ruhig, die Köpfe drehen sich in alle Richtungen. Es werden Hände an Ohren gelegt, um besser hören zu können. Wer wird den Ziegenmelker, auch Nachtschwalbe genannt, zuerst vernehmen? Und ausnahmslos kommt der Moment, in dem jemand behauptet, in der Ferne einen zu hören. Und alle anderen sich denken, dass das kein Ziegenmelker, sondern Einbildung war.

Aber das Warten neigt sich seinem Ende zu. Der Ziegenmelker beginnt ohne Tusch, ohne Triller. Sein Ruf dringt nur ganz leise an die Ohren, wie eine sanfte Sommernachtsbrise. Oder es hört sich an, als hätte jemand ein mechanisches Gerät oder einen brummenden Kühlschrank eingeschaltet. Das „Schnurren“ des Ziegenmelkers gleicht keinem anderen Vogelgesang. Es hat keinerlei Ähnlichkeit mit Eulenrufen oder den Geräuschen anderer Nachtvögel. Das Einzige, was ihm nahekommt, ist das Geräusch der Art von Zweitakt-Motorrädern, wie sie in den schmalen Gassen Südeuropas heimisch sind. Das Schnurren besteht aus zwei hohlen, widerhallenden, sich abwechselnden Tönen, die wiederum aus 25–42 Noten pro Sekunde bestehen. Und wenn der Ziegenmelker sein Schnurren beenden möchte, geschieht dies nicht abrupt, sondern es klingt langsam aus, wie ein Gerät, das den Geist aufgibt.

Der Ziegenmelker beginnt ohne Tusch, ohne Triller. Sein Ruf dringt nur ganz leise an die Ohren, wie eine sanfte Sommernachtsbrise.

Angesichts dieser Charakteristik ist es wenig überraschend, dass unsere Ahnen den Ruf des Ziegenmelkers fürchteten und ihn – was sonst? – mit Tod und Verderben in Verbindung brachten. Der Name des Vogels stammt von dem Irrglauben, der Vogel würde nachts die Milch von Ziegen trinken und ihnen dadurch schaden. Was heute höchstens für müdes Gelächter sorgt, ist eine Geschichte, die in mehreren europäischen Kulturen aufkam und sich jahrhundertelang gehalten hat. Vielleicht zeigt das auch einfach, was die Nacht mit unserem Verstand anstellt – und wie lange es braucht, um solche Mysterien aufzuklären.

Der Ziegenmelker mag mechanisch klingen, aber die begeisterte Reaktion der sommernächtlichen Exkursionsgruppen ist stets mehr als lebendig. Einen Ziegenmelker in freier Wildbahn zu hören ist ein seltsames Erlebnis, das von der Dunkelheit und der ungewohnten Umgebung noch verstärkt wird. Es ist eine Begegnung, die in Erinnerung bleibt. Und so kommt es, dass die Exkursionsgruppen auf dem Rückweg in der Regel sehr viel ruhiger und in sich gekehrter sind.

WOCHE 25

Feldlerche

Alauda arvensis

EURASIEN, 18–19 cm

EINE DER SCHÖNSTEN EIGENSCHAFTEN DES Vogelgesangs ist, dass er eine Projektionsfläche für unsere eigenen Gefühle und Erfahrungen bietet. Ohne Frage dürfte dies auch dazu beitragen, dass das Belauschen der Wildnis so gut für unsere seelische Gesundheit ist (s. S. 34). Wir können aus dem Gesang machen, was wir wollen. Im Gegensatz zu menschlicher Musik, die eng verflochten damit ist, wer sie komponiert hat und wer sie hört, gibt es bei Vögeln weniger schneidende Kritik, um die man sich Sorgen machen müsste. Es ist etwas zwischen dem Vogel und uns. Vogelgesang löst in unterschiedlichen Menschen unterschiedliche Gefühle aus – für manche kann das Lied der Nachtigall dramatisch wirken, auf andere beruhigend.

Es gibt allerdings einen Gesang, der anscheinend in allen Menschen, die ihn in Westeuropa hören, sehr ähnliche Gefühle auslöst. Er beschwört den Höhepunkt des Sommers herauf, warmen Sonnenschein und sanfte Brisen. Die schrillen Ergüsse erinnern ebenso an heiteres Wetter wie das allgegenwärtige Summen und Brummen der Insekten. Vielleicht sollte man die Feldlerche also auch Sommerlerche nennen.

Er beschwört den Höhepunkt des Sommers herauf, warmen Sonnenschein und sanfte Brisen.

Einzeln – vielleicht als Aufnahme, auf dem Smartphone abgespielt – ist der Gesang der Feldlerche bereits durchaus angenehm. Er ist schnell, schrill, kaskadierend. Ein langer Monolog mit leichten Variationen. Aber unter freiem Himmel, beschienen von der Sommersonne, wird er geradezu ekstatisch, jubelnd, drückt den Optimismus und die Lebensfreude eines rauschenden Bächleins aus – eines äußerst musikalischen Bächleins, versteht sich. Erst das passende Wetter macht aus dem Gesang der Feldlerche ein Erlebnis.

Dafür gibt es mehrere Gründe. Erstens singt die Feldlerche im Flug. Flatternd steigt sie auf, erst zögerlich, dann immer höher. Sie fliegt in bis zu 30 m Höhe und zieht während ihres Singflugs Schleifen. Obwohl sie in diesen Höhen vielleicht eher proklamiert als singt. Die Tonleitern rieseln wie ein süßer Sommerregen herab und erfrischen alles, mit dem sie in Kontakt kommen. Nach einigen Minuten beginnt der Vogel, immer noch singend, seinen ebenso langsamen Sinkflug, bis er einen oder zwei Meter über dem Boden plötzlich hinabstürzt, als hätte ihn sein Flug erschöpft.

Ein weiterer Grund, warum Feldlerchen unter der Sommersonne so dominant sind, ist der, dass sie keine Soloperformer sind. Die Männchen sind extrem territorial, und sie können ihr Revier am Boden nur verteidigen, indem sie in die Lüfte aufsteigen. Wenn ein Feldlerchenmännchen einem anderen Feldlerchenmännchen begegnet, erhebt es nicht nur seine Stimme, sondern auch sich selbst. Wer also im Hochsommer durch goldene Felder streift, wird nicht nur eine Feldlerche singen hören, sondern mehrere. Eine löst die andere ab – es ist fast, als würden sie uns Geleitschutz bieten.

Dass solche Spaziergänge über Wiesen und Feldlerchenfelder enorme Glücksgefühle auslösen, ist westlichen Dichtenden natürlich nicht entgangen, weshalb das Singfest in Lobeshymnen festgehalten wurde.

Hier ein Beispiel, *The Lark Ascending* des englischen Romantikdichters George Meredith:

Sie steigt auf und fliegt ihre Runden,
Eine Kette Silbertöne dringt nach unten,
Fest verschlungen ohne Pause,
Zwitschern, Pfeifen, Flöten und Gebrause
Reiht sich aneinander und klingt weit,
Wie ein Wasserkreis in Meergezeit;
Wellen, die über Wellen schlagen
Strudel, die in Strudeln jagen.
Noten eil'n vorbei mit strammem Beine,
So flink und leicht, als wär'n sie eine,
Doch stets anders wiederholen sich die Folgen
Und wenn sie fort sind, diese holden,
Klingen sie süßlich frisch im Ohre nach ...

Diese wohltönenden Worte haben eine gleichnamige, noch berühmtere Komposition inspiriert, ein erhebendes Orchesterstück des englischen Komponisten Ralph Vaughan Williams, das zu einem der beliebtesten Klassikstücke des Vereinigten Königreichs geworden ist. Ironischerweise hat der Gesang eines wilden Vogels also eine Musik ermöglicht, die sehr wohl den harten Stimmen der Kritik ausgeliefert ist, über die ich am Anfang des Kapitels geschrieben habe.

Man muss das Stück nicht mögen – und die Feldlerche natürlich auch nicht. Das ist das Schöne an dieser Universalität. Aber es ist doch erstaunlich, wie selektiv die menschliche Wahrnehmung manchmal mit der Realität umgeht. Wir lieben die Feldlerche für ihre sommerlichen Singflüge. Dabei verbringt sie den Großteil ihres Lebens am Boden. Und singt das auch das restliche Jahr über.

WOCHE 26

Rotkardinal

Cardinalis cardinalis

ÖSTLICHES UND SÜDLICHES NORDAMERIKA, 20–25 cm

MAN KÖNNTE GLAUBEN, DASS DIE VÖGEL, DIE am besten singen – wie Nachtigall oder Einsiedlerdrossel – sozusagen als Ausgleich ein weniger schickes Federkleid haben und sich eher im dichten Gestrüpp verstecken. Ebenso scheint es fair, wenn die schönsten Vögel nur durchschnittliche Gesangskünste vorweisen können. Ein gutes Beispiel sind die in Süd- und Mittelamerika vorkommenden Tangaren mit ihren schillernden, juwelenartigen Farben. Sie sind eine wahre Augenweide. Aber in allen anderen Punkten absolut öde.

Es ist einfach unfair, wenn ein Wesen anscheinend ein Überflieger in allen Belangen ist. Aber solche Wesen gibt es. Und auf der ganzen Welt gibt es vermutlich keinen Vogel, auf den dies besser zutreffen würde als den Rotkardinal. Die Illustration zeigt es: Das fast den ganzen Körper zierende Zinnoberrot der Männchen ist atemberaubend; die Haube sowie die Gesichtsmaske komplementieren es vorzüglich. Und der Rotkardinal ist nicht nur schön, sondern auch beliebt. Er kommt in Nordamerika häufig vor und ist ein regelmäßiger Gast an Futterhäuschen. Er ist der Staatsvogel von sieben US-Bundesstaaten. Er ist einfach eine Legende.

Sein Gesang besteht aus einer Reihe lauter, süßlicher Triller, durchmischt mit Pfeiftönen, die fast genießerisch tonauf- und -abwärts gleiten. Er ist die perfekte Hintergrundmusik für einen Cocktail. Und der Rotkardinal singt freundlicherweise fast das ganze Jahr hindurch, sodass er sowohl einen strahlenden Schneetag als auch das Dahindämmern an einem schwülen Sommertag verschönert. Kein Wunder also, dass er in Amerika so beliebt ist.

Und wer jetzt, im Juli, dem Gesang des Rotkardinals lauscht, könnte etwas Aufregendes bemerken: einen einzigartigen, ungewöhnlich intimen Moment zwischen zwei Vögeln, den Beweis für eine besondere Art der Partnerschaft, mit dem der Rotkardinal es irgendwie schafft, noch mehr Sympathiepunkte zu sammeln.

Unter in gemäßigten Klimazonen lebenden Vögeln ist der Rotkardinal insofern etwas Besonderes, als dass das Weibchen viel singt. Nicht so viel wie das Männchen (nur ungefähr 10–20 % der Menge), aber dennoch weit mehr als die meisten anderen Weibchen. Beispielsweise hilft das Weibchen mit seinem Gesang bei der Verteidigung des Reviers, was bei anderen Arten die Hauptaufgabe der Männchen ist. Es singt auch bei Konflikten mit anderen Weibchen und wenn das Nest bedroht ist. Der Gesang der Weibchen unterscheidet sich nicht von dem der Männchen, deshalb kann man sie daran nicht auseinanderhalten.

Und der Rotkardinal singt freundlicherweise fast das ganze Jahr hindurch, sodass er sowohl einen strahlenden Schneetag als auch das Dahindämmern an einem schwülen Sommertag verschönert.

Aber das wirklich Erstaunliche am Gesang des Weibchens ist das, was passiert, wenn es brütet oder sich um noch sehr jungen Nachwuchs kümmert. Denn dann singt das Weibchen recht häufig, und es scheint, als würde sein Gesang eine Botschaft an das Männchen enthalten und diesem mitteilen, wann es Futter heranbringen soll – und wann nicht.

Für diese Beobachtung gibt es mehrere Belege. In einer Studie kehrte das Männchen in 80 % der Fälle, in denen das Weibchen mit einer Phrase auf seine „Chip"-Rufe antwortete, zum Nest zurück, solange sich das Männchen maximal 12 m vom Nest entfernt aufhielt. Wenn das Weibchen ihm nicht antwortete, kehrte das Männchen in der Hälfte der Fälle nicht zum Nest zurück. Man vermutet also, dass das Weibchen bei Bedarf die Anwesenheit des Männchens begrenzen kann. Immerhin ist das bunte Federkleid des Männchens ziemlich auffällig, und es ergibt Sinn, dass die Eltern den Standort des Nests nicht durch unnötige Besuche preisgeben wollen.

Doch es scheint, dass diese Botschaften eine noch subtilere Ebene haben. In einer weiteren Studie fand man heraus, dass das Weibchen dem Männchen spezifische Anweisungen gibt. Wenn das Männchen in der Nähe (innerhalb eines 12-m-Radius) sang und das Weibchen Futter herangebracht haben wollte, sang sie ein anderes Lied als das Männchen (welches in 64 % dieser Fälle zum Nest zurückkehrte). Wenn das Weibchen überhaupt nicht auf den Gesang des Männchens antwortete, zögerte dieses – und stattete dem Nest nur in einem von drei Fällen einen Besuch ab. Wenn das Weibchen aber den Gesang des Männchens spiegelte, schien das „Bleib weg" zu bedeuten. Dann näherte sich das Männchen dem Nest nur in 9 % der Fälle – und musste als Konsequenz vermutlich zu Recht einiges über sich ergehen lassen.

Wie schön, wenn elterliche Absprachen durch den Garten klingen. Gibt es eigentlich irgendwas, das am Rotkardinal auszusetzen wäre? Kein Wunder, dass die Cherokee manchmal Rituale durchführten, die sie mit dem Geist dieses magischen Vogels erfüllen sollten.

WOCHE 27

Bekassine

Gallinago gallinago

NORD-EURASIEN; ÜBERWINTERT UNTER UMSTÄNDEN IN AFRIKA, INDIEN ODER SÜDOSTASIEN, 25–27 cm

DIE WELT DES VOGELGESANGS STECKT VOLLER Überraschungen. Und eine davon ist, dass nicht jeder Gesang ein Gesang ist.

Mittsommer ist vorbei, und in den gemäßigten und arktischen Zonen Eurasiens ist die Brutsaison in vollem Gange. In Mooren und Feuchtgebieten verteidigen Wat- und Sumpfvögel ihre Reviere und nisten. Und viele von ihnen haben beeindruckende Rufe, die über die offene Landschaft schallen und für eine einzigartige Atmosphäre sorgen. Besonders einen dieser Rufe möchte ich hier erwähnen; einen, der sich von denen anderer Vögel unterscheidet: das Meckern der Bekassine.

Wer das Geräusch zum ersten Mal – vor allem in freier Natur – hört, dürfte sich an das Blöken von Schafen erinnert fühlen. Aber das Geräusch kommt von oben. Und dass nun auch Schäfchenwolken blöken, ist eher unwahrscheinlich. Zudem ist der Ruf etwas klagender, rhythmischer, summender und pulsierender als Schafblöken. Manchmal wird er auch als „Wummern" bezeichnet.

Der Ruf soll das Revier der Bekassine abstecken und verteidigen. Man hört ihn selten bis nie außerhalb der Saison, und er ist Teil einer Flugshow mit großen Kreisen und Sturzflügen. Sobald der Nachwuchs geschlüpft ist, ist der Ruf nicht mehr zu hören.

Aber streng genommen ist dieses Geräusch weder Gesang noch Ruf. Es stammt nicht aus dem Stimmtrakt, sondern es entsteht, indem die Bekassine die Luft im richtigen Winkel an ihren Federn vorbeisausen lässt.

Eine Bekassine, die wummern will, spreizt im Flug die äußeren Federn ihres Schwanzes ab, sodass ein Zwischenraum entsteht. Und die Vibration dieser Federn ist es, die das weit hörbare Geräusch entstehen lässt, das auch schon mit einer im Wind flatternden Fahne verglichen wurde.

Forschende haben die äußeren Schwanzfedern von Bekassinen im Windtunnel untersucht und herausgefunden, dass die Vibrationen bei einer Windgeschwindigkeit von 39 km/h beginnen. Am lautesten waren sie bei etwa 80 km/h, aber alle höheren Geschwindigkeiten beschädigten die Federn. Die Bekassine muss also achtgeben, dass sie nicht zu übermütig wird. Die Frequenz des Geräuschs liegt bei 350–400 kHz. Interessanterweise produzieren die nächstinneren Federn kein Geräusch.

Aber streng genommen ist dieses Geräusch weder Gesang noch Ruf. Es stammt nicht aus dem Stimmtrakt, sondern es entsteht, indem die Bekassine die Luft im richtigen Winkel an ihren Federn vorbeisausen lässt.

Jetzt könnte man denken, dass diese Art der Lautproduktion genial einfach ist. Die Bekassine muss immerhin nicht mal ihren Schnabel öffnen, sondern nur hoch genug fliegen und sich anschließend hinabstürzen – fertig. Aber das Wummern allein scheint in den seltensten Fällen auszureichen, denn die Bekassine hat auch noch einen (stimmlichen) Reviergesang; ein stetiges, leicht heiser klingendes Tickern, das in der Regel – aber nicht ausschließlich – vom Boden aus dargeboten wird. Vielleicht für den Fall, dass nicht die richtigen Bedingungen für den Federtrick herrschen?

Das Wummern der Bekassine ist etwas wahrhaft Einzigartiges. Es gehört zum Soundtrack der Wildnis, und dass es vor allem während der Abenddämmerung zu hören ist, macht es besonders stimmungsvoll. Das rhythmische Geräusch klingt wie aus einer anderen Welt – und gemessen an unserer menschlichen Welt stimmt das ja auch.

WOCHE 28

Gartenspottdrossel

Mimus polyglottos

NORDAMERIKA UND WESTINDISCHE INSELN, 20–25 cm

Jetzt, im Mondlicht, sitzt sie dort und singt.
Vogel erst, dann Spott, dann Drossel –
Plötzlich fängt eine Katze das Miauen an
Die Spottdrossel ist's, die wie alles klingen kann.

Diese Gedanken stammen von Randall Jarrell, der in den 1950er-Jahren Poet Laureate, also staatlich ausgezeichneter Dichter, der USA war. In seinem Gedicht *The Mockingbird* beschreibt er einen der beliebtesten und ikonischsten Vögel Amerikas und einen der berühmtesten Vögel der ganzen Welt. Abgesehen vom Graurücken-Leierschwanz (s. S. 133) und vom Star *(Sturnus vulgaris)* wird wohl keine andere Art so sehr für ihr Talent gefeiert, den Gesang anderer Vögel und Umgebungsgeräusche nachahmen zu können.

Der Gesang einer Gartenspottdrossel zieht sofort alle Aufmerksamkeit auf sich. Er beginnt mit einer lauten, wohlartikulierten Phrase, die mehrmals wiederholt wird, dann folgt eine weitere Phrase (oder ein weiteres Element), ebenfalls in Wiederholung, bis der Vogel sich erneut für einen Wechsel entscheidet. Das Tempo ist straff, der Gesang scheinbar endlos. Seine Elemente können bemerkenswert unterschiedlich sein: ein Triller hier, ein Piepsen dort, dann ein süßliches Zwitschern. Die Gartenspottdrossel singt und singt. Manchmal wiederholt sie ein Geräusch, das ihr besonders gut gefällt, wieder und wieder. Aber irgendwann geht sie zur nächsten Phrase über. Ihr Erfindungsreichtum scheint kein Ende zu kennen.

Und vielleicht kennt er wirklich keins. Untersuchungen der Repertoires von Gartenspottdrosseln ergaben, dass diese sich von Vogel zu Vogel unterscheiden und bei manchen Tieren mindestens 250 Elemente umfassen. Aber auf diese Entdeckung folgte jene, dass Gartenspottdrosseln ihren Gesang immer weiter verbessern, je älter sie werden. (In der Vogelwelt ist Alter ein wichtiger Faktor, und ältere, erfahrene Individuen verpaaren sich meist vor jüngeren oder gehen mit mehreren Partnerinnen eine Bindung ein. Welch traumhafte Zustände!) Noch beeindruckender ist jedoch, dass es laut einer Studie keinerlei Überschneidungen zwischen Frühlings- und Herbstgesang gibt – die meisten untersuchten Repertoires dürften also in Wahrheit doppelt so groß sein.

Viele, aber nicht alle Elemente des Gesangs der Gartenspottdrossel sind Imitationen anderer Vögel (und Katzen und anderer Dinge, wie wir schon von Jarrell wissen). Zu den beliebtesten Vorbildern der Gartenspottdrossel gehören der Rotkardinal (s. S. 113), der Carolinazaunkönig *(Thryothorus ludovicianus)*, die Grauhäubchenmeise *(Baeolophus bicolor)*, der Blauhäher *(Cyanocitta cristata)* und die Wanderdrossel (s. S. 45). Es ist verlockend, Vermutungen darüber anzustellen, wie viele Imitationen direkte Kopien von Vögeln sind, die das Revier einer Gartenspottdrossel teilen – und wie viele sie von anderen Gartenspottdrosseln geklaut hat.

Auch die scheinbare Unermüdlichkeit der Gartenspottdrossel und ihres Gesangs macht sie zu etwas Besonderem. Die Partnerin scheint Qualität und Vielfalt des Gesangs unentwegt zu beurteilen, und Beobachtungen zufolge trennt sie sich von ihrem Partner, wenn er ihre Ansprüche nicht mehr erfüllt. Unverpaarte Männchen geben sich zu erkennen, indem sie bei Nacht singen – neben ihrem Gesang bei Tag, versteht sich. Sie singen und balzen außerdem öfter als verpaarte Männchen, stets auf ein Weibchen hoffend, das sie erhört.

Wir Menschen haben die muntere und erfindungsreiche Gartenspottdrossel längst ins Herz geschlossen. Native Americans glaubten, dass die Gartenspottdrossel schon bei der Schöpfung der Welt zugegen gewesen sei, und mit der Entstehung der einzelnen Nations schenkte die Gartenspottdrossel diesen ihre eigenen Sprachen. Der ehemalige US-Präsident Thomas Jefferson war nicht der Einzige, der mehrere Gartenspottdrosseln als Haustiere hielt; die Art erfreute sich als Käfigvogel rund 200 Jahre lang größter Beliebtheit. Und natürlich bekleidet die Gartenspottdrossel auch einen festen Platz in der amerikanischen Literatur. Hier noch ein Kleinod, diesmal aus *Evangeline* des Dichters Henry Wadsworth Longfellow, der im 19. Jahrhundert lebte:

Da, von des Weiden-Dickichts den Fluß überhängendem Aste,
Tönte der holde Gesang der spottenden Drossel des Südens.
Leidenschaftlich und wild und ergreifend waren die Töne;
Schweigend schienen der Wald und die Luft und die Wellen zu lauschen.
Wehmütig sang sie zuerst und klagend; dann lauter und wilder
Tönte bald ihr Gesang wie Musik bacchantischer Feste.

Aber woher kommen dieser Einfallsreichtum und diese Variabilität der Gartenspottdrossel? Natürlich wollen einerseits Geschlechtspartnerinnen (bestehende sowie potenzielle) beeindruckt werden, und ein großes Repertoire ist ein guter Indikator für biologische Fitness.

Vielleicht sollte man lieber fragen, warum sich die Gartenspottdrossel so sehr der Nachahmung bedient. Wieso denkt sie sich ihre Lieder nicht selbst aus? Einer Theorie zufolge könnte sie damit die Vögel anderer Arten aus ihrem Revier vertreiben wollen, obwohl die bisherige Forschung zeigt, dass sich die Vögel nicht so einfach täuschen lassen.

Der eigentliche Grund ist sicherlich, dass die Nachahmung eine Abkürzung auf dem Weg zur Eloquenz ist. Frische Stimmen bringen frischen Wind in die eigene Ausdrucksweise. Und genau aus diesem Grund ist auch dieses Gartenspottdrossel-Kapitel gespickt mit den Zitaten anderer.

WOCHE 29

Lawrence-Drossel

Turdus lawrencii

SÜDAMERIKA, OBERES AMAZONIEN, 20–23 cm

MAN STELLE SICH VOR, WIR ZÄHLTEN DIE Vogelarten in einem Wald im oberen Amazonasgebiet. Vielleicht für eine Naturschutzorganisation. Die Aufgabe ist nicht einfach – nur herumzulaufen, uns umzusehen und von morgens bis abends zu lauschen, wird uns zwar die meisten Arten offenbaren, aber besonders unter Zeitdruck werden wir einige übersehen. Wir könnten Japannetze verwenden und damit scheue Arten fangen, aber Amazonien als Region ist so artenreich, dass selbst dann noch Vögel auf der Liste fehlen könnten. Und was, wenn wir unsere Zählung zur völlig falschen Jahreszeit durchführen?

Aber glücklicherweise gibt es eine weitere, etwas ungewöhnliche Methode, Vogelarten in diesem Teil der Welt zu erheben. Ihr Name? Lawrence-Drossel. Sie verbringt ihr Leben auf mittlerer Baum- oder auf Baumwipfelhöhe, wird oft übersehen und ist eine unermüdliche Sängerin. Sie singt den ganzen Tag, manchmal stundenlang, mit wenigen kurzen, etwa 15 Minuten dauernden Pausen. Es wirkt ein bisschen, als hätte sie sich zu einer Art Wohltätigkeitssingen angemeldet und wolle jetzt besonders brillieren. Außerdem ist die Lawrence-Drossel eine der weltbesten Nachahmerinnen. Gegen sie hat selbst die Gartenspottdrossel (s. S. 121) keine Chance. Sie ist wie ein

Schwamm und saugt nicht nur den Gesang anderer Vögel, sondern auch die Geräusche von Fröschen und Insekten und die kleinsten Lautfragmente aus ihrer Umgebung auf.

Solche Beschreibungen können schnell wie Übertreibungen klingen, aber im Falle der Lawrence-Drossel sind sie das mitnichten. In mehr als einem Fall konnte das uns bekannte Verbreitungsgebiet einer seltenen Waldvogelart erweitert werden, weil sich ihr Gesang im Repertoire einer Lawrence-Drossel wiederfand. Forschende wussten, worauf sie lauschen mussten, und wurden belohnt.

Sie ist wie ein Schwamm und saugt nicht nur den Gesang anderer Vögel, sondern auch die Geräusche von Fröschen und Insekten und die kleinsten Lautfragmente aus ihrer Umgebung auf.

Der Gesang der Lawrence-Drossel ist auch über diese Fakten hinaus überraschend. Viele Nachahmer wie Sumpfrohrsänger (s. S. 185) und Graurücken-Leierschwanz (s. S. 133) haben einen fast manischen Singstil, aber die Lawrence-Drossel ist vollkommen entspannt. Sie singt ein Fragment und macht eine ordentliche Pause – für die Forschung ein absoluter Glücksfall, denn so kann jede Silbe untersucht werden. Es bedarf einigen Zuhörens, bevor klar wird, wie vielfältig das Repertoire eines bestimmten Exemplars ist. In einem Moment erklingt das Kreischen von Papageien, im nächsten der Ruf des am Boden lebenden Steißhuhns. Die Fragmente sind allesamt kurz; komplexere Gesänge werden also dementsprechend gekürzt. Es hat fast etwas Elegantes. Und in den meisten Fällen ist die Nachahmerin nicht mal zu sehen.

Mit den Jahren ist die Zahl der von Individuen imitierten Arten stetig gewachsen. In den 1980ern beschrieben Studien einzelne Vögel, die 35 Arten nachahmen konnten – neben einigen Phrasen, die sie selbst erfunden hatten. Diese Zahl stieg auf 51, und inzwischen glaubt man, dass manche

Männchen bis zu 70 lokale Arten, darunter auch Nicht-Vögel, imitieren können. Eine berühmte Studie über den Gesang von 30 Lawrence-Drosseln ergab insgesamt ein Repertoire von 173 Arten.

An diesem unfassbaren Talent ist vor allem seltsam, dass keine der näheren Artverwandten der Lawrence-Drossel in den Regenwäldern Amazoniens über einen bemerkenswerten Gesang verfügt. Warum die Lawrence-Drossel so gut nachahmen kann, bleibt ihr Geheimnis. Man nimmt aber an, dass die Drosselmännchen mit ihren Repertoires um Weibchen buhlen und dass die talentiertesten Sänger sich wahrscheinlich mit mehr als einem Weibchen paaren.

Und daraus ergibt sich ein interessanter Tipp für unser Forschungsvorhaben vom Anfang des Kapitels. Da die Vollständigkeit unserer Artenzählung direkt von der Größe des Repertoires einer Lawrence-Drossel abhängig ist, könnte es vor der Analyse hilfreich sein, herauszufinden, wie viele Weibchen das Männchen damit anziehen konnte.

WOCHE 30

Einlappenkotinga

Procnias albus

NÖRDLICHES SÜDAMERIKA
(HAUPTSÄCHLICH GUAYANA-SCHILD), 27–28 cm

IN EINEM BUCH ÜBER VOGELGESANG WÄRE ES eine Schande, den lautesten Vogel der Welt auszulassen. Darf ich also vorstellen? Der Einlappenkotinga, eine etwa taubengroße Art, die in den Wäldern des nördlichen Südamerikas lebt. Er produziert ein lautes, glockenähnliches „Klong-klang", das über die Wipfel schallt. Und dieser Ruf erreicht eine Lautstärke von bis zu 125 Dezibel. Das entspricht einem Feueralarm, einem lauten Rockkonzert, einem startenden Turboprop-Flugzeug oder einem industriellen Rammgerät.

Der Ruf klingt wie eine laute Industriehupe oder ein Hammer, der klingend auf einem Amboss landet. In jedem Fall ist es nicht das alltäglichste Vogelgeräusch.

Auch die Produktion des Rufs ist außergewöhnlich. Vor dem Ruf beugt sich der Vogel ein bisschen vor, nur um dann seinen ganzen Körper in den Ruf zu schmeißen, als würde er von innen explodieren. Der Ruf ist in der Regel zweiteilig, wobei sich der Vogel von der einen zur anderen Seite wirft und sein eigentümlicher, langer Kehllappen hin und her schwingt. Der Einlappenkotinga hat einen verhältnismäßig breiten Schnabel – wahrscheinlich, um die maximal mögliche Lautstärke zu erreichen. Sein

Brustkorb ist besonders dick, und seine Bauchmuskeln sind besonders stark, um ihn vor Verletzungen infolge des Rufens zu schützen. Auch sein Stimmkopf, das Lautbildungsorgan von Vögeln, ist größer als bei anderen Arten.

Dieser Ruf erreicht eine Lautstärke von bis zu 125 Dezibel. Das entspricht einem Feueralarm, einem lauten Rockkonzert, einem startenden Turboprop-Flugzeug oder einem industriellen Rammgerät.

Das größte Mysterium rund um den Einlappenkotinga ist, wie er es schafft, dass sein Ruf weder sein eigenes Gehör noch das einer potenziellen Partnerin schädigt. Sein Ruf ist so laut, dass er für einen danebenstehenden Menschen (nicht zu empfehlen; der Einlappenkotinga ruft oft aus bis zu 40 m Höhe) extrem unangenehm sein und dieser vermutlich die Beine in die Hand nehmen würde. Irgendeine Form des Schutzes müssen diese Vögel also haben, auch wenn die Wissenschaft noch im Dunkeln tappt.

Aber wieso diese Lautstärke? Für die Fortpflanzung natürlich. Wofür auch sonst? Wenn jemand seinen Standort so offensichtlich preisgibt, muss das einen biologischen Vorteil haben. Und es scheint, dass die Weibchen sich zu lauteren Stimmen stärker hingezogen fühlen.

Für das Weibchen ist die Auswahl einfach. Der Ruf ist auch noch in mehreren Kilometern Entfernung zu hören; die potenziellen Partner der Umgebung lassen sich also bequem miteinander vergleichen, ohne dass das Weibchen sich vom Fleck bewegen müsste.

Der Einlappenkotinga verlässt seine hohe Warte nur selten. Er verbringt während der Brutsaison fast 90 % der Tageslichtstunden dort und ruft ununterbrochen. Das ist seine Hauptaktivität. Jeden Tag unterbricht er diese kurz, um Früchte zu fressen. Früchte sind nahrhaft und im Wald allgegenwärtig, daher dauert es nicht allzu lange, bis der Einlappenkotinga satt ist und wieder auf seinen Posten zurückkehren kann. Man glaubt, dass viele fruchtfressende Regenwaldvögel deshalb spektakuläres Balz- oder extremes Brutverhalten entwickelt haben, weil sie dank ihrer Ernährung nicht den Großteil ihrer Zeit auf die Futtersuche verwenden müssen.

Einmal in den Regenwald im Norden Südamerikas zu reisen und den Ruf eines Einlappenkotingas zu hören muss ein unvergessliches Erlebnis sein. Aber ein bisschen tun mir die anderen Vögel leid, die in der Nähe leben. Dieser ohrenbetäubende Lärm muss auf Dauer wirklich unangenehm sein.

WOCHE 31

Graurücken-Leierschwanz

Menura novaehollandiae

OSTAUSTRALIEN, 76–103 cm

UNGEFÄHR ZU DIESER ZEIT IM JAHR BEGINNT in Australien der Vorfrühling. Es ist nicht nur die Zeit atemberaubend schön blühender Wildblumen, sondern auch die gesangliche Hochsaison eines der legendärsten Vögel des gesamten Kontinents: des Graurücken-Leierschwanzes. Die Männchen singen zwar das ganze Jahr über, aber nun sind sie in Bestform, und es kann durchaus sein, dass man in den Genuss ihrer Vorstellung kommt, während die Bühne noch schneebedeckt ist.

Der Gesang des Graurücken-Leierschwanzes ist so berühmt und beliebt, dass sein auffälliges restliches Balzverhalten oft vergessen wird. Seine braune Federschleppe ähnelt ein wenig der eines Pfaus, der seine Farben verloren hat. Es sieht nur begrenzt glanzvoll aus, wie der Graurücken-Leierschwanz diese braune Masse hinter sich herzieht. Aber er weiß sie zu präsentieren. Während er von einer leicht erhöhten Warte aus singt, spreizt er seine Schwanzfedern wie einen Fächer ab, wodurch in der Mitte weiße, faserartige Federn und zwei gestreifte, breite Außenfedern zum Vorschein kommen. Durch die besondere Rundung der Außenfedern erinnert die Form der aufgestellten Schleppe an eine Leier – daher der Name. Die Federn erheben sich hinter dem singenden Vogel wie ein Vorhang mit zwei dekorativen

Kordeln, und manchmal neigt er sie über seinen Rücken, sodass sie bis an seinen Kopf heranreichen. Es ist wirklich ein einmaliger Anblick.

Der begleitende Gesang steht der Kraft, Intensität und Imposanz dieser Vorstellung in nichts nach, aber das Besondere an ihm ist, dass er zu bis zu drei Vierteln aus Nachahmungen besteht. Die Ähnlichkeit zu den Lautäußerungen von in Australien verbreiteten Vögeln wie Jägerliest (s. S. 149), Schwarzkopf-Wippflöter *(Psophodes olivaceus)*, Rosakakadu *(Eolophus roseicapilla)* und Seidenlaubenvogel *(Ptilonorhynchus violaceus)* ist verblüffend. Der Graurücken-Leierschwanz schafft es sogar irgendwie, nicht nur einen einzigen Jägerliest nachzuahmen, sondern gleich einen ganzen Chor von ihnen. Wenn der Graurücken-Leierschwanz sich immer nur auf ein Vorbild beschränken würde, wäre die Täuschung perfekt. Aber die Arten wechseln sich innerhalb einer Gesangsdarbietung ab. Graurücken-Leierschwänze ahmen etwa 25 % aller Arten in ihrer Umgebung nach.

Allein diese Imitation der Vogelarten des australischen Buschs ist schon beeindruckend. Aber erst durch seine Imitation anderer Geräusche hat es der Graurücken-Leierschwanz zu weltweiter Bekanntheit gebracht. Er ahmt häufig die Laute australischer Säugetiere wie Dingos und Koalas nach. Manchmal schaffen es auch bizarrere Geräusche in sein Repertoire. In der Wildnis könnte das das Knarzen eines alten Baumes sein oder der Flügelschlag von Kakadus, die über den Graurücken-Leierschwanz hinwegziehen. Aber ein paar Individuen sind noch etwas einfallsreicher. Ein im Zoo von Adelaide lebendes Exemplar wurde dafür berühmt, dass es sich den Lärm einer nahen Baustelle inklusive Hämmern, Sägen, Motorengeräuschen und mutmaßlichem menschlichen Gefluche aneignete. Andere Graurücken-Leierschwänze sollen auch schon das Geräusch einer Kamera mit Motorantrieb nachgeahmt haben.

Graurücken-Leierschwänze ahmen etwa 25 % aller Arten in ihrer Umgebung nach.

Einige der besten Geschichten über Graurücken-Leierschwänze gehen auf die Nachahmung menschlicher (geschriener oder anderweitiger) Kommunikation zurück. Ein Sägewerk rief sein Personal mit einem dreimaligen Pfiff zu spontanen Meetings – was sich der lokale Graurücken-Leierschwanz prompt zum Vorbild nahm. Das führte zu Verwirrung und eines Tages zu Panik, als der Vogel das Signal zweimal hintereinander wiederholte. Ein sechsmaliges Pfeifen war der Code für einen tödlichen Unfall.

Manche dieser Geschichten lassen in mir den Hauch eines Zweifels aufkommen, und es ist klar, dass nur sehr wenige Graurücken-Leierschwanz-Exemplare unsere merkwürdigen menschlichen Geräusche nachahmen. Viel faszinierender ist es, wie die Vögel sich ihr Vokabular aneignen und aneinander weitergeben. Als die Graurücken-Leierschwänze in Tasmanien, wo sie nicht heimisch waren, eingeführt wurden, integrierte der Nachwuchs einige Jahre lang nur Arten vom australischen Festland in seinen Gesang, von denen manche nicht in Tasmanien vorkamen. Dies beweist, dass ein Großteil des Repertoires von anderen Graurücken-Leierschwänzen erlernt wird. Erst nach einiger Zeit wurde auch den Rufen einiger tasmanischer Vögel die Ehre zuteil, ins Repertoire aufgenommen zu werden. Die meisten Nachahmungen werden kulturell innerhalb der Graurücken-Leierschwanz-Population weitergegeben.

Dadurch ergibt sich die Möglichkeit, dass ein vor Hunderten von Jahren aufgenommener Laut heute noch von einem Graurücken-Leierschwanz wiedergegeben und an die nächsten Generationen weitergegeben werden könnte. Manche ihrer Lautäußerungen könnten bisher nicht erkannte Geräusche von inzwischen ausgestorbenen Känguru-Arten oder der ausgestorbenen Festlandpopulation des Beutelwolfs sein. Vielleicht lebt also durch den Graurücken-Leierschwanz zumindest der Ruf des Beutelwolfs bis heute weiter.

WOCHE 32

Ringeltaube

Columba palumbus

EUROPA, NORDAFRIKA UND WESTASIEN, 40–42 cm

DIE JAHRESVOGELUHR IST VON NATUR AUS RUND. Sie wiederholt sich, immer und immer wieder. Ungefähr jetzt hallt das Gurren von Ringeltauben durch die spätsommerlichen Wälder Europas, genau wie jedes Jahr. Wie seit Jahrzehnten. Jahrtausenden sogar. Das Schöne daran, Vogelgesang im Jahresverlauf zu beobachten, ist, dass manche Stimmen – seien sie fröhlich, traurig oder anderweitig bedeutsam – die jeweiligen Jahreszeiten komplementieren.

Der Gesang der Ringeltaube, einer der häufigsten Vögel in Europa, hat etwas Ehrliches. Er besteht aus fünf Gurrlauten (ein schneller, zwei langsame und dann wieder zwei schnelle), die mit Nachdruck vorgetragen werden. Bei genauerer Betrachtung der Tauben fällt auf, dass sie immer ihr Bestes geben und ihre Hälse vibrieren, als würden sie auf einer großen Opernbühne stehen. Dennoch ist das Ergebnis ... na ja ... eben nur ein Gurren. Das ist, als würde man von einem Groschenroman behaupten, er sei Weltliteratur. Die meisten Menschen lauschen dem Taubengurren und tun es als trivialen Bestandteil des Sommers ab.

Aber wie auch im Falle von anderen Vögeln, wie beispielsweise Gänsen, liegt die Kraft im Kollektiv. Wenn Tauben unisono gurren, passiert etwas

Bemerkenswertes. Das kommt oft an warmen Tagen vor, wenn in den unteren Luftschichten dichter Insektenflugverkehr herrscht. Dann reihen Tauben in schläfrig summenden Wäldern Gurren an Gurren an Gurren. Das Ergebnis ist eine Art weicher Geräuschteppich, ein friedvolles, beruhigendes Murmeln im Hintergrund. Als würde sich die Hitze des Tages in einer kehligen Blase kristallisieren.

Der Gesang der Ringeltaube, einer der häufigsten Vögel in Europa, hat etwas Ehrliches. Er besteht aus fünf Gurrlauten (ein schneller, zwei langsame und dann wieder zwei schnelle), die mit Nachdruck vorgetragen werden.

Dieses friedliche „Supergurren" mit Wohlfühlfaktor müssen auch schon unsere Ahnen unzählige Male gehört haben. Vielleicht haben einige von ihnen dann innegehalten, um den Höhepunkt des Sommers in sich aufzusaugen. Und wir können heute, Hunderte und Tausende Jahre später, dasselbe tun.

Ein Teil meiner Lebensgeschichte ist eng mit dem Gurren von Tauben verknüpft. Letzten Sommer fühlte ich mich durch einen Taubenchor mit einem Mal zurück in die Vergangenheit katapultiert. Ich stand plötzlich neben einem alten Haus, weit draußen auf dem englischen Land, in der Nähe von Bristol. Es war ein warmer, sonniger Tag. Ich dachte, ich hätte diesen Moment vergessen, aber Geräusch, Ort und Atmosphäre verfügten über eine einmalige Authentizität.

Dass ich mich in diesen Moment zurückversetzt fühlte, überraschte mich deshalb, weil mein Gehirn vieles aus meiner frühen Kindheit gelöscht zu haben scheint. Bis auf den Tag, an dem mein Vater starb. Damals war ich sechs. An diesen Tag erinnere ich mich ganz klar, während die Tage und Jahre davor und danach vor meinem inneren Auge verschwimmen. Mein

Vater starb an einem Herzinfarkt. An diesem Tag wachte er zum letzten Mal auf. Der Verlust stürzte meine Kindheit in einen Abgrund.

Jedenfalls glaubte ich fest, dass die Erinnerungen an meine Jugend fort waren, aber dann kam dieser Flashback, frisch und klar. Der erinnerte Moment ereignete sich zeitlich einige Wochen nach dem Tod meines Vaters. Meine Mutter, Schwester und ich waren bei Freunden zu Besuch. Deren altes Haus war absolut idyllisch gelegen, weit weg von unserer Heimat London. Dort hatten wir wohl endlich Raum zum Atmen gefunden, Zeit zum ziellosen Umherwandern in den Wäldern. Ich mag mir nicht vorstellen, wie es für meine Mutter gewesen sein muss oder für meine Schwester, damals zarte neun Jahre alt, die den Tod meines Vaters mit eigenen Augen sah. Ich erinnere mich nur an das allgegenwärtige Gurren der Ringeltauben, eine unermüdliche Erinnerung daran, dass der Sommer seinen Höhepunkt erreicht hatte.

Seit jenem Moment sind 50 Sommerhöhepunkte vergangen. Inzwischen weiß ich, wie traumatisch die Zeit damals für mich war. Die Zeit hat alles geglättet, und ich konnte Trost finden. Aber eine große Angst ist mir geblieben. Als ich meine eigene Familie gründete und Vater wurde, fiel es mir schwer, die Panik davor abzuschütteln, plötzlich zu versterben und meine Tochter und meinen Sohn zurückzulassen.

Aber jeden Sommer erklingt wieder das Gurren der Tauben, und fast unbemerkt habe ich die Schlüsseljahre der Elternschaft hinter mir gelassen; die Babyzeit, die Schulzeit, die Universitätszeit.

Viele Menschen sind belustigt oder genervt, wenn sie das Gurren einer Ringeltaube hören. Ich nicht.

WOCHE 33

Piroltrupial

Icterus pustulatus

ZENTRALAMERIKA, VON NORDMEXIKO BIS COSTA RICA, 18–21 cm

VOGELGESANG WIRD INZWISCHEN SEIT VIELEN Jahrzehnten wissenschaftlich untersucht, und allgemein gilt als akzeptiert, dass die Männchen mehr singen als die Weibchen. Bei Vogelarten, die in den nördlichen gemäßigten Zonen leben, singen die Weibchen in der Regel so gut wie gar nicht, und wenn, dann nur in Ausnahmefällen. Weibchen, die regelmäßig singen, wie die der Rotkehlchen (s. S. 157) und Rotkardinale (s. S. 113), tun dies trotzdem weniger häufig als ihre männlichen Artgenossen, und bei manchen Arten ist der Gesang weniger komplex. Mit dem Anstieg der Untersuchungen in tropischen Gebieten in den letzten Jahren hat sich allerdings gezeigt, dass es Arten gibt, bei denen die Paare auch im Duett und die Weibchen genauso oft oder fast so oft singen wie die Männchen.

Erst eine recht unbekannte Vogelart aus Mittelamerika konnte den Weibchen zur Emanzipation verhelfen. Studien über den Piroltrupial haben ergeben, dass das Weibchen das Männchen gesanglich übertrifft – und zwar deutlich. Die Weibchen singen nicht nur öfter, sondern auch genauso komplex wie die Männchen. Ihr Gesang wurde als Folge prächtiger Pfiffe bezeichnet und klingt in etwa wie „witschi-witschi-wie".

Piroltrupiale brüten als Einzelpaar in Waldrandgebieten. Ihr Nest ist ein hängender Korb und ähnelt ein wenig einer Socke mit einem Tennisball im Zehenbereich. Um die besten Nistplätze und das Nistmaterial gibt es heftige Konkurrenz, und nicht selten kommt es vor, dass benachbarte Pärchen einander bestehlen. Daher verteidigen beide Geschlechter das Revier in der Brutzeit besonders energisch.

Es gibt Arten, bei denen die Paare auch im Duett und die Weibchen genauso oft oder fast so oft singen wie die Männchen.

Das Bemerkenswerteste an der gesanglichen Dominanz des Weibchens ist, dass es nicht nur gemeinsam mit ihrem Partner gesanglich das Revier verteidigt, sondern auch das Nest komplett selbst baut, die Eier legt und allein fürs Brüten verantwortlich ist. Bei so vielen Aufgaben könnte man denken, dass das Männchen wenigstens bei der Revierverteidigung die Hauptverantwortung übernimmt, aber das ist nicht der Fall. Es spielt zwar eine wichtige Rolle bei der Fütterung, nachdem die Jungvögel geschlüpft sind, aber nach der Brutsaison, etwa zu dieser Jahreszeit, singt wieder das Weibchen, um das Revier zu schützen, und das Männchen ist fast gar nicht mehr zu hören. Diese eigenwillige Verteilung der Aufgaben scheint äußerst ungerecht und ist noch nicht wissenschaftlich erklärt.

Piroltrupiale verfügen noch über eine weitere interessante und ungewöhnliche Eigenheit. Die Art kommt vom Norden Mexikos bis ins südliche Costa Rica vor. Im Norden des Verbreitungsgebiets, nahe der US-Grenze, ist das Federkleid des Männchens deutlich strahlender als das des Weibchens. Je weiter man nach Süden kommt, ändert sich diese Tatsache jedoch, und die Weibchen werden sehr viel farbkräftiger und ähneln optisch den Männchen. Auch dafür hat die Wissenschaft noch keine Erklärung gefunden.

Nach der Entdeckung, dass weibliche Piroltrupiale so viel singen, identifizierte eine Studie mit der Rotschwanzammer *(Peucaea ruficauda)* eine weitere, größtenteils unbekannte Vogelart, bei der die Weibchen ebenfalls mehr singen als die Männchen. Die Art kommt, genau wie der Piroltrupial, in den warmen Gebieten Zentralamerikas vor. Es ist wahrscheinlich, dass mit der Zeit immer mehr Arten gefunden werden, bei denen das Weibchen mit seinem Gesang eine wichtige oder sogar unerlässliche Rolle in der Revierverteidigung spielt.

Die Annahme, dass Vogelgesang hauptsächlich Sache des Männchens ist, ist also nicht mehr allzu aktuell.

WOCHE 34

Rötelgrundammer

Pipilo erythrophthalmus

ÖSTLICHES NORDAMERIKA, 16–20 cm

VIELE NORDAMERIKANISCHE VOGELFANS empfinden gegenüber der Rötelgrundammer eine tiefe Dankbarkeit. Das Ziel, Vogelstimmen auswendig zu lernen, kann schnell überwältigend wirken, und das Chaos aus ähnlichen Rufen ist manchmal nur schwer zu entwirren. Aber selbst Vogelfans, die noch ganz am Anfang ihrer Reise stehen, sind in der Lage, die Essenz dieser Bewohnerin von Saumbiotopen und Gebüschen zu erfassen. Ihren bekanntesten und unverwechselbaren Gesangstyp könnte man als quirlige Einladung verstehen: „Trink den Tee-eeee!" Aber gerne doch!

Neben seinem hohen Wiedererkennungswert verfügt der Gesang allerdings auch über eine Vielzahl von Variationen. Aber auch da meint es die Rötelgrundammer gut mit ungeübten Ohren, denn während die Repertoires vieler Vogelarten für die meisten von uns viel zu subtile Unterschiede haben, sind die Variationen der Rötelgrundammer selbst für Neulinge identifizierbar. Zum Beispiel könnte ein Männchen „Trink-Tee", „Trink-Tipp" oder vielleicht „Tri-i-ink den Tee!" singen. Oder manchmal nur „den-Tee". Und dank des Gesangs der Rötelgrundammer lernen angehende Vogelfans direkt zwei grundlegende Fakten über die Welt des Vogelgesangs:

Individuen verfügen oft über mehr als eine Phrase, und der Gesang innerhalb einer Art kann sich von Individuum zu Individuum unterscheiden. Das ist vielen Menschen nicht bewusst.

Die Variationen der Rötelgrundammer sind höchst interessant. In New Jersey singen einzelne Männchen durchschnittlich 4,5 Lieder, in Florida hingegen 8. Und niemand weiß, warum.

Nur wenige Menschen, die sich am lebhaften Gesang der Rötelgrundammer erfreuen, sind sich der Verbindung des Vogels zu einem tragischen und mysteriösen Zwischenfall in der Geschichte der USA bewusst. Es ist höchstwahrscheinlich, dass der Gesang der Rötelgrundammer Ende des 16. Jahrhunderts den Soundtrack zu dem nervenaufreibenden Versuch bot, eine englische Kolonie auf Roanoke Island (heute Teil North Carolinas) zu gründen. Es ist gesichert, dass die Siedler der Rötelgrundammer begegneten, denn einer der Männer, die den ersten Besiedlungsversuch unternahmen, war John White, der spätere Gouverneur der Insel. Er blieb vom Sommer des Jahres 1585 bis zum Frühling des Jahres 1586 dort und fertigte eine beeindruckende Sammlung von Aquarellen an, welche die lokale Flora und Fauna sowie das Leben der indigenen Bevölkerung, vor allem der Secotan, abbildeten. Unter diesen Bildern befinden sich auch die ersten Darstellungen von Rötelgrundammermännchen und -weibchen.

Es ist höchstwahrscheinlich, dass der Gesang der Rötelgrundammer Ende des 16. Jahrhunderts den Soundtrack zu dem nervenaufreibenden Versuch bot, eine englische Kolonie auf Roanoke Island zu gründen.

Der zweite Kolonisierungsversuch von Roanoke Island ist eine Geschichte voller Intrigen und Mysterien. Die Siedler legten 1587 an, darunter auch

John Whites Tochter Eleanor Dare, die bald ihre Tochter Virginia zur Welt brachte, das erste englische Kind, das in einer Kolonie der Neuen Welt geboren wurde. Die Kolonie hatte Probleme, und bald sah sich John White genötigt, nach England zurückzukehren, um neue Vorräte zu besorgen. Seine Rückkehr verzögerte sich um drei Jahre, und als er im August 1590 nach Roanoke Island zurückkam, war die Kolonie – die immerhin aus hundert oder mehr Leuten bestanden hatte – verschwunden. Bis heute weiß man nicht, was mit den Menschen geschehen ist, obwohl es natürlich zahlreiche Theorien gibt.

Inzwischen hat die Tourismusbranche von Roanoke Island Besitz ergriffen. Man kann herausfinden, wie das Leben in der Kolonie und das der indigenen Bevölkerung war, Souvenirs kaufen und eigene Theorien zum Verschwinden der Kolonie aufstellen. Man kann sogar dort heiraten.

Wer Authentizität bevorzugt, dem seien die Trails der Insel empfohlen. Dort kann man auch heute noch dem Gesang der Rötelgrundammer lauschen, in dem Wissen, dass derselbe Gesang auch schon vor 400 Jahren durch die Siedlung auf Roanoke Island schallte.

WOCHE 35

Jägerliest

Dacelo novaeguineae

OSTAUSTRALIEN, 38–42 cm

DER FRÜHLING IN AUSTRALIEN NIMMT IMMER mehr Fahrt auf – und dort hat das Morgenkonzert ein Ausmaß wie nirgendwo sonst auf der Welt. Während der Vogelgesang in anderen Erdteilen größtenteils langsam zum Erliegen kommt, ist er jetzt in „Oz", wie die Einheimischen ihren Kontinent gern nennen, laut, quäkend und äußerst deutlich zu vernehmen. Es ist das wildeste Morgenkonzert der Welt. In Sydney, der größten Stadt des Landes, vereinen Flötenkrähenstar (s. S. 169), Weißbürzel-Krähenstar *(Strepera graculina),* Fratzenkuckuck *(Scythrops novaehollandiae),* Regenbogenlori *(Trichoglossus moluccanus),* Gelbhaubenkakadu *(Cacatua galerita)* und Neuhollandkrähe *(Corvus coronoides)* ihre Gesänge zu einem jubilierenden, gurgelnden, quietschenden, krächzenden, heiseren und etwas nach einem sich laut beschwerenden Kind klingenden Weckruf (falls Letzteres im Einzelfall denn wirklich der Neuhollandkrähe zuzuschreiben ist und nicht einem Schreihals unserer eigenen Gattung).

Aber der bekannteste Frühaufsteher des australischen Buschs dürfte der Jägerliest, auch Lachender Hans oder Kookaburra genannt, mit seinem manischen, bellenden Gelächter sein. Er beginnt mit seinem Rufen schon, während es noch dunkel ist, und übertönt später oft die anderen Vögel. Es mag möglich sein, nach Australien zu reisen und einige der lokalen Legenden, wie Koalas, Emus und Wellensittiche, nicht in freier Wildbahn zu sehen, aber ich halte es für äußerst unwahrscheinlich, dass man den Jägerliest verpasst. Er ist eine feste Institution in Parklandschaften, Vororten, offenen Wäldern und im Busch. Er ist im Osten Australiens weit verbreitet und wurde im Westen, in Tasmanien und in Neuseeland eingeführt.

Die meisten Menschen sind überrascht, wenn sie hören, dass der Jägerliest zu den Eisvögeln gehört. Der europäische Eisvogel ist ein kleiner, juwelenblauer Flitzer, den man nur selten bei seiner Tiefflug-Jagd an Flüssen beobachten kann; der Gürtelfischer *(Megaceryle alcyon)* in Nordamerika ist zwar größer und dreister, aber kein sonderlich guter Sänger. Der Jägerliest tanzt etwas aus der Eisvogel-Reihe. Er lebt in trockenen Gebieten und frisst keine Fische, sondern Eidechsen, kleine Säugetiere und alles, was nicht rechtzeitig fliehen kann.

Sein berühmter Ruf ist recht komplex und besteht aus fünf Teilen: dem „Kooa", dem Gackern, dem „Brausen", dem „Haha" (das ist, wenig überraschend, der Gelächter-Teil) und dem finalen „Gogo" oder „Gurgeln". Ein „Gogo" zeigt an, dass der Ruf von einem Männchen stammt, das „Gurgeln" machen nur die Weibchen. Aufmerksame Ohren wissen mehr. Allerdings vereinen sich die Vögel oft zu einem Duett und erinnern dabei nicht selten an eine unmusikalische Amateurtheatergruppe, die *Carmen* aufführt. Will heißen: Ihre Rufe überschneiden sich oft, wodurch der letzte Rufteil in der Kakofonie nur schwer auszumachen ist. Manchmal leben Jägerlieste in kleinen Gruppen, das Duett wird also zu einer Gruppenperformance, und es wird damit noch schwieriger, die einzelnen Stimmen auseinanderzuhalten.

Der Jägerliest war von Anfang an nur schwer zu übersehen im australischen Luftraum. Er ist keine graue Fledermaus. Er war stets in der Kultur der Aborigines präsent, sogar ein Teil ihres Schöpfungsmythos. Diesem zufolge ernannten die Götter, nachdem sie Tag und Nacht erschaffen hatten, den Jägerliest zum Wachposten des Tagesanbruchs, auf dass er Menschen und Tiere wecke.

Auch in der jüngeren australischen Kultur spielt der Jägerliest eine Rolle – und hat es auch schon außerhalb der Landesgrenzen zu einigem Ruhm gebracht. Seine Furchtlosigkeit und sein Selbstbewusstsein haben ihn stets zu einem beliebten Symbol für das australische Wesen gemacht. Während des Ersten Weltkriegs schickten die Menschen den in Europa stationierten Soldaten als Glücksbringer Postkarten mit einem Jägerliest in Militäruniform. Der Vogel hat einen festen Platz in Souvenirläden und taucht in den Namen von Unternehmen und an vielen weiteren Orten auf. Er ist auch der Protagonist eines beliebten Kinderlieds aus den 1930ern:

Kookaburra sits in the old gum tree,
Merry, merry king of the bush is he
Laugh, Kookaburra, laugh, Kookaburra
Gay your life must be!

Auch Filmsoundtracks nutzen den Ruf des Jägerliests gerne, allerdings fast immer, um eine Dschungel-Atmosphäre zu untermalen, wo der Vogel in freier Wildbahn gar nicht vorkommt. Seinen berühmtesten Cameo-Auftritt hatte der Jägerliest in den einflussreichen Tarzan-Filmen, die zwischen 1932 und 1948 anliefen. Diese spielten zwar in Afrika, aber im Hintergrund war eine absurde und wilde Mischung aus Tierlauten aus der ganzen Welt zu hören. Das Gelächter des Jägerliests folgte auf das Tröten von Elefanten oder das Kreischen von südamerikanischen Aras und wurde von Johnny Weissmüllers berühmten Schrei unterbrochen. Die Filme erfreuten sich größter Beliebtheit. Niemand schien sich an der tierisch falschen Verortung zu stören.

WOCHE 36

Schreiseeadler

Haliaeetus vocifer

SUBSAHARA-AFRIKA, 64–75 cm

GREIFVÖGEL SIND SPEKTAKULÄR, AUFREGEND und fest in unserer Kultur und unserer Vorstellungswelt verankert. Daher ist es erstaunlich, wie unbekannt ihre Rufe in der Regel sind. Aber dafür gibt es einen guten Grund: Die Rufe sind oft wenig spannend. Die Vögel rufen nur selten, und wenn, dann unerwartet leise. Die Rufe sind auch nicht sonderlich variantenreich und gehen selten über ein paar schwache Krächzer und Pfiffe hinaus.

Es gibt allerdings einige Ausnahmen, und eine davon ist der Schreiseeadler. Er wurde zur „Stimme Afrikas" erklärt, obwohl ich stark vermute, dass dieser Titel durch den Austausch wilder Safari-Geschichten bei einer Reihe schicker Abendessen mit zu viel Bourbon entstanden ist. Aber sein Ruf ist laut, weithin zu hören und erklingt andauernd. Wer einen Tag in der Nähe eines beliebigen großen Feuchtgebiets (egal, ob Sumpf, See oder Fluss) in Subsahara-Afrika verbringt, wird abends im Bett wahrscheinlich immer noch den Ruf des Schreiseeadlers im Ohr haben.

Der Ruf ist ein lautes, schrilles Jaulen, nicht unähnlich dem eines Welpen. Er wird mehrmals ausgestoßen, wobei der erste Ruf quasi als Einleitung fungiert, auf die ein dreifaches Echo folgt: „wii-ah, hio-hio-hio".

Oft rufen Männchen und Weibchen im Duett, wobei die höhere Sopranstimme dem Männchen und die tiefere Altstimme dem Weibchen gehört. In der Regel beginnen die Weibchen solche Duette. Beim Rufen werfen beide Geschlechter ihre Köpfe in den Nacken, was dem Ganzen einen noch dramatischeren Anstrich verleiht.

Die Rufe beginnen in der Morgendämmerung, erklingen gelegentlich tagsüber und in sozialen Situationen, wobei selbst kleine Dinge als Auslöser zu reichen scheinen. Es genügt beispielsweise, wenn ein Vogel in der Ferne vorbeifliegt. Wenn man das auf uns Menschen übertragen würde, würden wir schon beim Erhalt einer E-Mail kreischen.

Aber man sollte die Rufe der Schreiseeadler durchaus ernst nehmen, denn sie sind äußerst territoriale Tiere. Sie verbringen fast 80 % ihres Tages in ihrem Revier und sitzen oft entspannt oben auf abgestorbenen Uferbäumen. Aber wenn ihr Revier bedroht wird, wechselt ihre Stimmung, und sie wehren tatsächliche oder vermeintliche Eindringlinge mit Angriffen routiniert ab. Dabei geht es natürlich um Ressourcen.

Oft rufen Männchen und Weibchen im Duett, wobei die höhere Sopranstimme dem Männchen und die tiefere Altstimme dem Weibchen gehört.

Schreiseeadler sind Fischfresser, obwohl sie regelmäßig auch Vögel (z. B. Flamingos an Natronseen), Affen, Frösche und gelegentlich junge Krokodile fressen. Sie jagen Fische, indem sie ihr Ziel erst von ihrer Warte aus anvisieren und sich dann hinabstürzen, um sich die Beute an der Wasseroberfläche zu schnappen. Dann fliegen sie mit dem Fisch davon oder, falls er zu schwer ist, „rudern“ ihn mithilfe ihrer Flügel an Land.

Fast alle Raubvögel haben eine Eigenschaft, von der nur wenige Menschen wissen: Sie neigen zu Diebstahl. Lebende Beute zu fangen ist enorm aufwendig und erfordert einiges an Gerissenheit, Planung und Glück – schließlich wollen Beutetiere in den meisten Fällen nur ungern gefressen werden. Wenn also ein Raubvogel einen anderen sieht, der bei der Jagd erfolgreich war, wittert er seine Chance. Ein erheblicher Anteil der Ernährung von bekannten Raubvögeln wie dem Wanderfalken *(Falco peregrinus)* oder Weißkopfseeadler *(Haliaeetus leucocephalus)* wurde von anderen Jägern erbeutet. Der Schreiseeadler nutzt diese Taktik besonders häufig, denn viele andere Vögel, darunter auch Reiher, Störche oder Fischadler *(Pandion haliaetus)* sind ebenso an seiner Beute interessiert. Diese terrorisiert er regelmäßig, indem er sie angreift oder so lange belästigt, bis sie ihre Mahlzeit aufgeben. Schreiseeadler klauen sogar Eisvögeln ihre Beute, was mir nicht gerade ehrenhaft erscheint.

Vielleicht sollte man den Ruf des Schreiseeadlers also als ein Kreischen beschreiben, dem ein hinterhältiges Glucksen folgt.

WOCHE 37

Rotkehlchen

Erithacus rubecula

EUROPA, NORDAFRIKA UND WESTASIEN, 14 cm

UM DIESE ZEIT IM JAHR MACHE ICH MIR EINEN Spaß daraus, anderen Leuten einen ganz besonderen Tipp zum Thema Vogelgesang zu geben. Ich sage ihnen, dass sie jetzt, im September, mit einer leichtgläubigen Begleitung in den Wald gehen und auf einen Vogel lauschen sollen, der singt. Und zwar ein vernünftiges Lied mit Phrasen und Struktur und nicht nur einen einsilbigen Ruf (s. S. 9). Als Nächstes sollen sie behaupten, das, was da singt, wäre ein Rotkehlchen. Die Begleitung wird vermutlich schwer beeindruckt sein – und die Behauptung wird auch noch stimmen, außer man hat das Pech, eine der gelegentlichen Phrasen eines Zaunkönigs aufgeschnappt zu haben.

Im September ist die Waffenruhe des Sommers, während derer die Vögel ihre Jungen aufziehen und sich mausern, vorbei, und Rotkehlchen widmen sich wieder der Revierverteidigung. Diese kleinen Vögel mögen zwar äußerst beliebt sein, sind aber auch äußerst aggressiv. Eine vor vielen Jahren durchgeführte Studie ergab, dass bis zu 10 % der Männchen einer Rotkehlchenpopulation durch Kämpfe mit Artgenossen sterben. Diese Kämpfe sind, um es euphemistisch zu sagen, unschön. Die Gegner ringen kurz miteinander, dann hackt der Überlegene auf die empfindliche Stirn des Unterlegenen ein, woraufhin dieser schnell stirbt und sich in einen traurigen Haufen aus braunen und orangefarbenen Federn verwandelt.

Für Rotkehlchen ist das eigene Revier überlebenswichtig. Die kleinen Vögel brauchen Platz. Normalerweise jagen sie von einem Ansitz aus und warten darauf, dass ein wirbelloses Tier ins Blickfeld kommt. Dabei möchten sie keinesfalls gestört werden. Deshalb ist es unerlässlich, dass das Individuum seinen Platz verteidigt und die Konkurrenz ausmerzt – Startschuss fürs Scharmützel. Und um die Sache noch zu verkomplizieren, kämpfen nun nicht nur die Jungvögel um Raum, sondern auch die Weibchen. Die Reviere werden kleiner, die Gemüter erhitzter.

Aus dem entspannten, klaren Gesang lässt sich dieser Druck allerdings nicht heraushören. Rotkehlchen singen eine Phrase und machen eine Pause, bevor sie zur nächsten übergehen, die sich stets von der vorherigen unterscheidet. Manchmal klingt es ein bisschen nach Start-Stopp-Automatik, wie manche Teile schnell und andere viel langsamer vorgetragen werden, aber insgesamt passt der Gesang zur Jahreszeit: Er ist sanft, fast lieblich. Man sagt, dass der Herbstgesang im Vergleich zum Frühlingsgesang melancholischer ist, aber vielleicht liegt das eher am Gemütszustand des Publikums. Außerdem sind die Herbstphrasen ein wenig länger.

Wer sich selbst davon überzeugen möchte, hat genügend Zeit dazu. Der Gesang der Rotkehlchen begleitet uns bis in den tiefsten Winter. Sie dominieren im Herbst das Morgenkonzert, aber geschätzter dürften sie abends sein, wenn sie das lange, deprimierende Zwielicht begleiten.

Rotkehlchen haben ungewöhnlich große Augen, damit sie in schattigen Wäldern Futter finden können. Sie sind extrem lichtempfindlich und singen auch gerne mal nachts, wenn die Straßenlaternen an sind. Für uns Menschen ist das natürlich eine Freude.

Die meisten Leute halten Rotkehlchen, die an Winterabenden singen, für Nachtigallen, denn welcher Vogel sollte sonst im Dunkeln singen? Aber Nachtigallen sind in Europa nur im Sommer zu Gast, und ihre Singsaison beschränkt sich auf April, Mai und Juni (s. S. 63). Die beiden Vogelarten sind eng verwandt, haben aber unterschiedliche Lebensstile.

Dass Rotkehlchen sich auch vom Licht von Straßenlaternen zum Singen bemüßigt fühlen, beeinflusst ihr restliches Verhalten. Eine Studie ergab kürzlich, dass Rotkehlchen mit Revieren, in denen es viel künstliches Licht gab, ihr Revier weniger eifrig verteidigten als Artgenossen in der Nähe, deren Reviere natürlicher waren. Erstere reagierten gelassener auf die Bedrohung durch einen ausgestopften Rivalen. Sie verwandten weniger Energie auf die Verteidigung ihrer gut ausgeleuchteten Reviere, woraus die Forschenden folgerten, dass diese Reviere weniger wert waren und sich eine Verteidigung weniger lohnte. Die erfolgreichsten Vögel fristen also gewissermaßen ein Schattendasein.

Sie dominieren im Herbst das Morgenkonzert, aber geschätzter dürften sie abends sein, wenn sie das lange, deprimierende Zwielicht begleiten.

Eine weitere interessante Studie zeigte, dass Rotkehlchen in urbanen Gebieten häufiger bei Nacht singen. Dies liegt aber nicht an den Lichtverhältnissen, sondern am Geräuschpegel. Nachts ist es in Städten leiser, sodass die Vögel sich Gehör verschaffen können.

Es ist gar nicht so einfach, mit uns Menschen in direkter Nachbarschaft zu leben.

WOCHE 38

Warzenhonigfresser

Anthochaera phrygia

OSTAUSTRALIEN, 20–23 cm

ICH HABE MIR BIS JETZT GRÖSSTE MÜHE gegeben, dieses Thema unangetastet zu lassen. Dieses Buch soll Vogelgesang feiern und gute Laune machen. Aber früher oder später müssen wir anerkennen, dass wir in einer gespaltenen, geplünderten, gewandelten Welt leben und dass der Hauptgrund dafür wir Menschen sind, die wir uns nicht immer gut um unsere Umwelt gekümmert haben. Fast jede Vogelart wurde auf die eine oder andere Weise von uns Menschen beeinflusst. Durch die Verkleinerung von Habitaten, direkte Jagd, Störung oder andere Faktoren. Und wir machen selbst vor dem Vogelgesang nicht halt, einem der schönsten Geschenke von Mutter Natur.

Ein gutes Beispiel dafür ist der Warzenhonigfresser. Mit seinem gefleckten Gefieder und strahlenden Gelbtönen an Flügeln und Schwanz ist der Vogel ein absoluter Hingucker. Fast sieht er so aus, als würde er in Flammen aufgehen, sobald er sich in die Lüfte schwingt. Er ist mittelgroß und hat die zu Australien passende Angewohnheit, nicht an einem Ort, sondern unvorhersehbar und nomadisch zu leben. Er ernährt sich von Eukalyptusnektar, von dem es in Ostaustralien reichlich gibt, sowie von Insekten, die – ebenfalls auf Nektarsuche – oft gleich nebenan zu finden sind. Warzenhonigfresser haben besonders außerhalb der Brutzeit ein eher loses Sozialverhalten und tun sich zu dieser Zeit häufig mit engen Artverwandten wie anderen Honigfressern und Lederköpfen zusammen. Diese Schwärme vereinen ihre Stimmen zu einem lauten und aufregenden Chor, der ein bisschen einem Publikum ähnelt, das (vergeblich) auf den Beginn eines Konzerts wartet. Junge Warzenhonigfresser eignen sich manche Rufe ihrer Artverwandten an und integrieren diese Nachahmungen in ihren Gesang.

Junge Warzenhonigfresser eignen sich manche Rufe ihrer Artverwandten an und integrieren diese Nachahmungen in ihren Gesang.

Aber der Großteil des Gesangs von jungen Warzenhonigfressermännchen wird schon früher vom Vater und älteren, in der Nähe brütenden Männchen erlernt, denn Warzenhonigfresser bilden gelegentlich lose Kolonien aus. In der Summe besteht ihr Gesang aus einer Reihe fließender, perlender Töne, die stark variiert werden können. Er lässt sich nur schwer beschreiben, ist weder schlecht noch herausstechend gut. Er erfüllt seinen Zweck: Weibchen anzulocken und das Revier zu verteidigen.

Der Warzenhonigfresser war früher in großen Teilen von Südostaustralien recht häufig anzutreffen und kam sogar in Vororten Sydneys und Melbournes vor. Gelegentlich gab es Berichte über Schwärme mit Tausenden von Tieren. Aber man schätzt, dass seit den 1940er-Jahren etwa 75 % des eukalyptusreichen Habitats des Warzenhonigfressers zerstört oder degradiert wurden. Viele australische Vögel leiden unter diesem Problem, aber aus bisher noch ungeklärten Gründen ist es beim Warzenhonigfresser besonders schlimm. Er ist aus South Australia verschwunden, und der Bestand hat sich auf eine katastrophisch geringe Anzahl reduziert. Schätzungen zufolge gibt es jetzt, Anfang der 2020er-Jahre, nur noch etwa 300 wild lebende Exemplare.

Eins der größten Probleme des Warzenhonigfressers ist die starke Fragmentierung der Habitate und damit der Populationen. Es gibt einige Rückzugsgebiete mit mäßigen Beständen, aber diese liegen weit voneinander entfernt, und die nomadische Lebensweise der Vögel führt dazu, dass sie immer verstreuter leben. Ganz offensichtlich von diesem Problem betroffen ist die Fortpflanzung. Männchen und Weibchen können sich in einem gut bevölkerten Eukalyptuswald leicht finden. Anders ist es, wenn sie erst unzählige Kilometer zurücklegen müssen.

Es gibt allerdings noch ein subtileres Problem: Männliche Warzenhonigfresser verlieren an Anziehungskraft für die Weibchen, weil sie ihre Lieder nicht mehr richtig lernen. Sie selbst sind nicht schuld. Es gibt in freier Wildbahn einfach nicht mehr genügend Vorbilder, die ihnen bei der Perfektion ihres Gesangs helfen könnten.

Und es wird noch schlimmer. Da es nur noch so wenige Warzenhonigfresser gibt, ahmen sie zu viele Lieder anderer Vögel nach. Es ist ja schön und gut, wenn man der Angebeteten zeigt, wie ein Lederkopf so singt, aber sie möchte auch wissen, wer hinter dieser Maske steckt. Sie will einen Warzenhonigfresser, keinen Lederkopf. Wenn also zu wenig Warzenhonigfresserlieder weitergegeben werden, führt dies zu einem Desaster.

Die Lage ist so ernst, dass sich australische Umweltschutzvereine eingeschaltet haben. Die Taronga Conservation Society hat begonnen, Warzenhonigfressern, die in Gefangenschaft aufwachsen, Aufnahmen von verschiedenen Männchen vorzuspielen und sie in der Nähe von anderen Vögeln zu platzieren. Einer kleinen Studie zufolge haben diese Vögel später nach der Freilassung eine bessere Chance, zu überleben und sich fortzupflanzen.

Diese Geschichte weckt Hoffnung – aber wäre es nicht besser gewesen, wenn es nie so weit gekommen wäre? Teile unserer Welt sind so kaputt, dass einzelne Vogelarten ihren Gesang nicht mehr richtig lernen können. Wir haben wirklich einiges zu verantworten.

WOCHE 39

Orpheuszaunkönig

Cyphorhinus arada

TIEFLAND IM NÖRDLICHEN SÜDAMERIKA
INKL. AMAZONASBECKEN, 12 cm

ES KOMMT NICHT OFT VOR, DASS VOGELGESANG einen zum Lachen bringt, denn in der Regel ist er nicht besonders lustig. Manche Vögel, wie die Großtrappe *(Otis tarda)*, erzeugen zwar Geräusche, die frappierende Ähnlichkeit mit menschlichen Körperfunktionen haben. Und natürlich macht es Spaß, Papageien dabei zuzuhören, wie sie menschliches Fluchen imitieren oder dressierten Gimpeln *(Pyrrhula pyrrhula)*, wie sie die deutsche Nationalhymne vortragen. Aber insgesamt betrachtet ist die Welt des Vogelgesangs leider keine, die zum Piepen wäre.

Aber manche Stimmen sind nicht nur überaus talentiert, sondern produzieren auch einen Gesang, der in unseren Ohren unterhaltsam und bezaubernd klingt und uns ein ungläubiges Glucksen entlockt – zum Beispiel die des Orpheuszaunkönigs, der im Dschungel des Amazonas lebt.

Die Zaunkönigfamilie ist bekannt für ihr Stimmtalent. Der europäische Zaunkönig *(Troglodytes troglodytes)* wird für die Komplexität und Vehemenz seines Gesangs gefeiert. Seine oft wiederholte Phrase ähnelt dem enthusiastischen Sportkommentar eines 100-m-Rennens; immer kurz davor, über die eigenen Worte zu stolpern. Der Hauszaunkönig *(T. aedon)* klingt, als würden Münzen aus einer geöffneten Geldbörse herausklimpern. Sein

Gesang wird gerne für die Geräuschkulisse von Filmen verwendet. Die gesangliche Qualität und Vielfalt von Zaunkönigen ist beeindruckend und spiegelt sich in Trivialnamen wie Glückszaunkönig *(Pheugopedius felix)*, Nachtigallzaunkönig *(Microcerculus philomela)* und Flötenzaunkönig *(M. ustulatus)* wider.

Der Orpheuszaunkönig macht aber am meisten Spaß. Klingelgleich flötet er eine Abfolge klarer Töne, die in ihrer Tonlage hoch- und runterspringen, als wären sie von einem unfähigen Komponisten niedergeschrieben worden. Diese werden von merkwürdigen, fast gurgelähnlichen Geräuschen unterbrochen. Klanglich erinnert das Ganze manchmal an eine Orgel, oder vielmehr an ein Kind, das versucht, Orgel zu spielen, und auf der Bank hin und her rutscht.

Klingelgleich flötet er eine Abfolge klarer Töne, die in ihrer Tonlage hoch- und runterspringen, als wären sie von einem unfähigen Komponisten niedergeschrieben worden.

Orpheuszaunkönige leben als Pärchen in den unteren Schichten des Regenwalds. Wie auch andere in tropischen Breitengraden lebende Zaunkönige singen sie häufig im Duett oder zumindest antiphonisch (ein Vogel singt, der andere antwortet). Bei anderen Arten sind diese Duette extrem gut koordiniert, sodass es fast unmöglich ist zu sagen, welcher Vogel welchen Part übernimmt, außer man steht zufällig zwischen den beiden. Meistens beginnt das Weibchen die Duette, und das Männchen steigt mit ein, um zu zeigen, wie eng die Bindung zwischen den beiden ist. Orpheuszaunkönige scheinen sich aber nicht so sehr für diese komplexe Art des Duetts begeistern zu können.

In Brasilien soll es Glück bringen, einen Orpheuszaunkönig singen zu hören. Aber wer im Amazonas-Regenwald auf Vogelsuche gehen darf, hat wahrscheinlich ohnehin schon riesiges Glück im Leben und braucht nicht noch mehr. Einer Legende zufolge soll außerdem, sobald ein Orpheuszaunkönig zu singen anfängt, das restliche Leben im Regenwald innehalten, um ihm zuzuhören. Das ist natürlich Unsinn – die einzigen Tiere, die ein solches Verhalten zeigen, sind staunende Menschen.

WOCHE 40

Flötenkrähenstar

Gymnorhina tibicen

AUSTRALIEN UND NEUGUINEA; EINGEFÜHRT NACH FIJI UND NEUSEELAND, 37–43 cm

WIE SOLL MAN UNBESCHREIBLICHES beschreiben? Ich habe schon häufig über den Flötenkrähenstar geschrieben, und immer kommt der Punkt, an dem ich seine beeindruckenden Laute in Worte fassen muss. An dem ich unweigerlich ins Schleudern gerate. Es aber trotzdem versuche. Ich nutze Wörter wie jodeln und flöten (auch wenn das schon im Namen steckt) und gurgeln. Aber obwohl diese Wörter alle irgendwie nützlich sind, werden sie der Realität nicht im Geringsten gerecht. Vielleicht sollte man es erst gar nicht versuchen, wenn der bekannteste australische Merksatz für den Gesang „quardle oodle ardle waddle doodle" lautet. Man sollte einfach auf eine Aufnahme des Flötenkrähenstars verweisen und die Leute selbst staunen lassen.

Der Flötenkrähenstar ist schwarz und weiß und erinnert ein wenig an eine Elster, weshalb er im Englischen auch „Australian magpie" heißt, aber er ist nicht mit ihr verwandt. Außerdem ist er einer der häufigsten und lautesten Vögel Australiens. Er bleibt das ganze Jahr in seinem Revier und singt auch das ganze Jahr über; bei Tag und auch bei Nacht. Flötenkrähenstare haben einen Morgendämmerungsgesang, einen Abenddämmerungsgesang und sogar einen eigenen Nachtgesang – quasi ihre ganz eigene

Mondscheinsonate. Die meisten Vogelarten singen von einem Ast aus, aber der Flötenkrähenstar singt immer und überall, auch auf dem Boden. Er ist nicht zu übersehen. In Australien ist der nächste singende Flötenkrähenstar stets nur ein paar Hundert Meter entfernt.

Es überrascht also nicht, dass dieser Vogel der bekannteste der australischen Vogelwelt ist. Er lässt sich nicht von Menschen beeindrucken und prägt dadurch die Geräuschkulisse australischer Vororte mit. Flötenkrähenstare leben manchmal als Paare, aber noch öfter als Gruppen verschiedener Größe zusammen. Manchmal umfassen diese Gruppen nur das Paar und ihren neuesten Nachwuchs, manchmal sind es mehrere Erwachsene und mehrere Jungvögel. In jedem Fall beginnt hin und wieder ein Altvogel zu gurgeln, woraufhin der Rest der Gruppe einstimmt und sich eine endlose Kakofonie ergibt. Dieses gemeinsame Quatschen scheint mehrere Funktionen zu erfüllen. Es wird während Auseinandersetzungen genutzt, dient zur Revierverteidigung aus der Ferne, signalisiert Zusammengehörigkeit und manchmal auch einfach nur, dass eine gute Futterquelle gefunden wurde. Die krähengroßen Individuen sind Fleischfresser und ernähren sich von Insekten, Spinnen, kleinen Vögeln und Säugetieren wie Mäusen, Eidechsen und Fröschen. Auch Aas, zum Beispiel in Form von totgefahrenen Tieren, verschmähen sie nicht.

Flötenkrähenstare haben einen Morgendämmerungsgesang, einen Abenddämmerungsgesang und sogar einen eigenen Nachtgesang – quasi ihre ganz eigene Mondscheinsonate.

Flötenkrähenstare mögen unübersehbar und in australischen Städten allgegenwärtig sein, aber wahrscheinlich würden die wenigsten Menschen von sich sagen, dass sie etwas für die Tiere übrighaben. Und das liegt daran, dass sie während der Brutsaison (also ungefähr jetzt) extrem aggressiv bei der Revierverteidigung vorgehen. Das Nachsehen haben alle

Eindringlinge – andere Vögel, Warane, Schlangen, Hunde und natürlich auch Menschen. Flötenkrähenstare scheinen insbesondere gegen Rad fahrende Menschen eine Abneigung zu hegen, gehen regelmäßig auf sie los und verursachen nicht selten Unfälle, die manchmal fatale Folgen haben. Gelegentlich werden auch Menschen, die per pedes unterwegs sind, und besonders Kinder von Flötenkrähenstaren verletzt, die auf ihr Gesicht einhacken. Sowohl Menschen als auch Tiere haben durch solche Angriffe schon das Augenlicht verloren. Natürlich ist es ähnlich wie bei Haien so, dass tatsächliche Schäden durch einzelne Vögel eher die Ausnahme denn die Regel sind. Dennoch wissen fast alle Menschen in Australien eine Flötenkrähenstargeschichte zu erzählen, falls der Gesprächsfluss mal ins Stocken geraten sollte.

Er lässt sich nicht von Menschen beeindrucken und prägt dadurch die Geräuschkulisse australischer Vororte mit.

Eine Lösung für dieses Problem, die besonders Schulkinder für sich entdeckt haben, könnte das Tragen großer, breitkrempiger Hüte sein, auf deren Rückseite ein Angst einflößendes Augenpaar aufgemalt wird. Es gibt keine wissenschaftlichen Studien darüber, ob diese Methode wirklich funktioniert, aber ein tolles Souvenir ist so ein Hut allemal – und vielleicht authentischer als einer, der mit Korken behängt ist.

WOCHE 41

Augenbrauen-Häherling

Garrulax canorus

CHINA, LAOS UND VIETNAM, 21–24 cm

MIT EINEM AUGENBRAUEN-HÄHERLING SOLLTE man sich lieber nicht anlegen. Was sonst will uns die chinesische Tradition sagen, nach der Schurken, Handlangerinnen und andere Unerwünschte diesen schönen Singvogel in einem Käfig vor sich hertrugen? Er diente anscheinend als Visitenkarte. Anstelle von Schlagringen und Messern trugen Angehörige der Unterwelt kunstvoll gefertigte Käfige an einem Stab mit sich herum, um Eindruck zu schinden, woraufhin die respektable Bevölkerung des südlichen Jangtsekiang zitternd die Köpfe einzog. Diese Tradition dauerte bis Anfang des 20. Jahrhunderts an.

Das Ganze könnte auf den Ruf des Vogels als Straßenkämpfer zurückgehen – wobei sein eigentlicher Ruf überaus entzückend ist. Der Gesang des Augenbrauen-Häherlings ist einer der schönsten in ganz Asien und besteht aus ineinanderfließenden Pfeiftönen, klingenden Noten, Trillern und einer Reihe anderer melodischer Bezeichnungen. Er beginnt oft langsam und wird besser und höher, je länger die Phrase andauert.

Der Gesang mag wohlklingend sein, aber der Sänger ist einer der brutalsten Revierverteidiger der gesamten Vogelwelt. In diesem Punkt ähnelt er ein wenig dem niedlich aussehenden, aber gelegentlich mörderischen

Rotkehlchen (s. S. 157). Augenbrauen-Häherlinge fühlen sich so schnell provoziert, dass man in China zweigeteilte Käfige verwendet, um sie zu fangen – wobei natürlich die besten Sänger am begehrtesten sind. In das erste Abteil kommt ein bereits gefangener Augenbrauen-Häherling, das zweite ist für das Exemplar gedacht, das gefangen werden soll. Sobald die Männchen den Gesang eines Rivalen auch nur hören, sehen sie rot und flattern in die Falle. Also, eigentlich müssten sie auch den Käfig sehen können, aber der scheint sie nicht zu interessieren. Sie behalten ihren Stolz, verlieren aber ihre Freiheit.

Der Gesang des Augenbrauen-Häherlings ist einer der schönsten in ganz Asien und besteht aus ineinanderfließenden Pfeiftönen, klingenden Noten, Trillern und einer Reihe anderer melodischer Bezeichnungen.

Augenbrauen-Häherlinge werden in ganz Asien gern für Singwettbewerbe verwendet. Diese Veranstaltungen erfreuen sich immer noch größter Beliebtheit, ziehen viele Menschen an und winken mit großzügigen Preisen. Eins der Zentren dieser Wettbewerbe ist Singapur. Die Szene dort ist so ausgeprägt, dass sich eins der außergewöhnlichsten Hausgewerbe der Welt entwickelt hat. Da sich offenbar eine Diät aus Grashüpfern auf den Gesang besonders stimulierend auswirkt, hat eine Handvoll findiger Menschen ein Geschäft daraus gemacht, die kleinen Insekten zu fangen.

Der Augenbrauen-Häherling gehört übrigens zu den Timalien, die gern im Unterholz für sich bleiben. Die Vögel dieser Familie leben vornehmlich in den Wäldern Asiens, wobei einige auch in Afrika beheimatet sind. Beeindruckenderweise gibt es etwa 300 Timalien-Arten, von denen manche so kräftige Färbungen und angenehme Stimmen haben, dass sie zu den schönsten Vögeln dieses Erdteils zählen.

Das Interesse an Augenbrauen-Häherlingen, die als das berühmteste Mitglied der Timalien-Familie gelten, hat glücklicherweise nicht zu einer ernst zu nehmenden Abnahme der wild lebenden Population geführt. Dies liegt wahrscheinlich daran, dass Augenbrauen-Häherlinge sich weniger im Wald und mehr in Büschen und im Durchwuchs wohlfühlen. Sowohl ihr Verbreitungsgebiet als auch ihr Bestand scheinen vorerst stabil zu sein. In Hongkong, wo das Fangen neuerdings nicht gutgeheißen wird, hält sich der Augenbrauen-Häherling tapfer.

Aber keine Vogelart der Welt kann eine Fangpraxis überleben, die ein gewisses Maß überschreitet, und es besteht die Gefahr, dass dies beim Augenbrauen-Häherling bald der Fall sein wird. Es wäre wirklich eine Schande, wenn die Population zugrunde ginge.

WOCHE 42

Waldkauz

Strix aluco

EUROPA UND WESTASIEN, 37–38 cm

IN DER NÖRDLICHEN HEMISPHÄRE WERDEN die Nächte immer länger. Der Herbst hat das Wetter fest im Griff, und bald wird der Winter kommen. Nach der Waffenruhe im Spätsommer fangen die wild lebenden Vögel wieder an, ihre Reviere zu verteidigen, und nirgendwo zeigt sich diese Territorialität lauter oder extremer als in einem Wald nach Einbruch der Dunkelheit.

Für Vogelfans ist das nächtliche Konzert der Waldkäuze unübertrefflich. Es gibt kaum atmosphärischere Vogellaute. Das „Huuu“ ist so stimmungsvoll und eindringlich, dass es unzählige Male verwendet wurde, um das Publikum eines Films oder einer Fernsehserie zu gruseln – so eng ist dieser Laut mit unserer Urangst vor der Nacht verbunden. In den Anfangsjahren Hollywoods waren die Rufe des europäischen Waldkauzes häufig im Hintergrund von in Amerika spielenden Filmen zu hören.

In der westlichen Literatur werden Eulen und Käuze oft als Kreaturen der Dunkelheit dargestellt, als Gegenstück zum Leben. Das „Strix“ des wissenschaftlichen Namens bedeutet „Hexe“ und ist auch auf Griechisch keineswegs schmeichelhaft gemeint. So enthielt auch der berühmte Hexentrank in William Shakespeares *Macbeth* „Flaum vom Kauz“ . Seit Hunderten von Jahren werden Waldkäuze von Menschen in Zusammenhang mit Unheil und Pech gebracht. Beispielsweise war es ein weitverbreiteter Glaube, dass es den baldigen Tod einer kranken Person bedeute, wenn ein Kauz an ihrem Fenster vorbeiflog. Manchmal wurden tote Käuze an Türen genagelt, um das Böse fernzuhalten. Jede Begegnung zwischen Mensch und Kauz war von Angst und Misstrauen geprägt. Man siehe sich nur mal diese Zeilen des englischen Poeten Edward Thomas aus dem 19. Jahrhundert an:

Ein melancholischer Kauzenschrei
Erklang lang und klar über der Höhe,
Kein fröhlich Ton, kein Grund zur Fröhlichkeit.

Der Hauptruf zur Revierverteidigung besteht aus einem anfänglichen, kurzen Halbruf, auf den eine Pause von mindestens vier Sekunden folgt. Dem schließt sich ein weiterer Einleitungsruf an, und erst dann folgt ein längeres, tremolierendes „Huuu". Manchmal geben die Tiere auch einzelne Rufe von sich. Die tiefe Tonlage und das Tremolieren wirken sofort melancholisch, fast tragisch. In jedem Fall erzeugen sie bei vielen Menschen Gänsehaut. Und die Rufe können in der Tat zu dieser Jahreszeit einen tragischen Unterton haben: Sie dienen als explizit unfreundliche Erinnerung an alle lauschenden Rivalen und warnen diese davor, in das Revier des rufenden Kauzes einzudringen. Auf jeden, der dies versucht, wird aufs Äußerste reagiert. Die Rufe sollen also Schlimmeres verhindern.

Und diese Botschaft richtet sich an alle – auch an den Nachwuchs des rufenden Kauzes. Waldkäuze zögern nicht, ihre Jungtiere zu töten, sollten sie dies für nötig erachten. Wozu dann der ganze Aufwand, möchte man fragen. Waldkäuze beginnen früh mit der Brut und kümmern sich bis zu 80 Tage, nachdem dieser das Nest verlassen hat, um den Nachwuchs, füttern und beschützen ihn und bringen ihm das Jagen bei. Aber im Herbst verwandelt sich der Nachwuchs in eine Last und muss weiterziehen, um nicht die begrenzte Gastfreundschaft seiner Eltern überzustrapazieren.

Das Revier eines Waldkauzes ist sein Ein und Alles. Sobald ein Waldkauz ein Revier gefunden hat, bleibt er dort bis zu seinem Tod. Monate- und jahrelang lernt er es besser kennen: die besten Jagdplätze, -zeiten und -wetterbedingungen, wo es Futter gibt und so weiter. Jede Bedrohung dieses Wissens und dieser Routine wird entsprechend geahndet.

Der eindringliche Ruf ist also eine Warnung. Mehrere Rufe sind eine Unterhaltung, bei der Herausforderungen gestellt und abgewehrt werden. Jegliche Freundlichkeit, die man vielleicht hineinlesen könnte, ist eingebildet.

Der Waldkauz und sein Ruf sind der Gegenstand eines uralten Missverständnisses. In dem in den 1590er-Jahren geschriebenen Shakespeare-Stück *Verlorene Liebesmüh* kommen gegen Ende folgende Zeilen vor:

Dann nächtlich friert der Kauz und schreit:
Tuhu,
Tuwit tuhu, ein lustig Lied,
Derweil die Hanne Würzbier glüht.

Vogelforschende bemühen sich schon seit vielen Jahren, zu erklären, dass der Waldkauz überhaupt nicht so ruft. Das „Tuhu" ist der Ruf eines Männchens und normalerweise nur einzeln zu hören. Das „Tuwit" hingegen scheint dem Ruf beider Geschlechter nachempfunden zu sein, der oft auch als scharfes „Kuwitt" wiedergegeben wird. Was Shakespeare hier also beschreibt, ist wahrscheinlich ein Duett zwischen einem Männchen und einem Weibchen und nicht der Nachtgesang eines einzelnen Vogels. Interessieren tut das natürlich niemanden, und jegliche Korrekturen kommen außerdem mehr als 400 Jahre zu spät.

Aber es ist irgendwie passend, dass Shakespeare das, was wir jetzt im schwermütigen Herbst hören, ausgerechnet in *Verlorene Liebesmüh* beschreibt. Denn es gibt wohl kaum einen passenderen Titel für den oben beschriebenen plötzlichen Bruch in der Beziehung zwischen Eltern- und Jungtieren.

WOCHE 43

Rotscheitel-Bartvogel

Psilopogon haemacephalus

INDISCHER SUBKONTINENT, SÜDOSTASIEN UND PHILIPPINEN, 15–17 cm

DIE MEISTEN MENSCHEN WISSEN, DASS Frösche häufiger quaken, wenn die Außentemperaturen und damit auch ihre Körpertemperaturen ansteigen. Gibt es ein ähnliches Phänomen auch in der Vogelwelt? Die Vermutung liegt nicht gerade nah, da Vögel Warmblüter sind, aber wie steht es mit dem Rotscheitel-Bartvogel (auch Goldbartvogel genannt), einem kleinen, stämmigen Spechtverwandten? Berichten zufolge mehren sich auch seine Rufe mit den zunehmenden Temperaturen des indischen Sommers. Offenbar liegt seine Rufrate irgendwo zwischen 80- und 200-mal die Minute. Was, wenn es eine Gleichung gäbe, mit der man von Temperatur auf Rufrate und umgekehrt schließen könnte? Die Temperatur zu messen ist eins der wenigen Dinge, die ein Smartphone nicht kann. Vielleicht könnte man also eine App die Rufe der ortsansässigen Rotscheitel-Bartvögel zählen lassen und so Rückschlüsse auf die Temperatur ziehen?

Der Rotscheitel-Bartvogel ist kein Singvogel, und sein Ruf zählt vermutlich zu den monotonsten überhaupt: ein einfaches „Tok“, immer und immer wieder wiederholt. Er ähnelt ein wenig einem Metronom oder repetitiven Maschinengeräuschen in einer Fabrik – oder den Geräuschen eines Kupferschmieds, weswegen er vielerorts auch unter der Bezeichnung Kupferschmied-Bartvogel geführt wird. In jedem Fall ist es ein Geräusch, das einen schnell in den Wahnsinn treiben könnte.

Aber irgendetwas an dem Ruf schwächt diese Wirkung ab. Er ist ein klassisches Hintergrundgeräusch, niemals zu laut, niemals disharmonisch. Auf dem indischen Land gehört er fest zur Geräuschkulisse dazu und fügt sich nahtlos in Hühnergackern, Menschengeschrei, Motorrollerknattern und Hupen ein. Man hört das „Tok, tok" beim Laufen, Auto-, Fahrrad- und natürlich auch beim Tuk-Tuk-Fahren. Der Rotscheitel-Bartvogel ist in Indien das, was in Europa die Amsel und in Nordamerika die Wanderdrossel ist. Er erinnert uns daran, dass es neben der trubeligen Menschen- auch noch eine wilde, natürliche Welt gibt. Er holt uns immer zurück, nie aufdringlich, und lässt uns für einen Moment die Scheuklappen ablegen. Und wenn die Menschheit vom Antlitz der Erde verschwinden würde, würde das „Tok"-Metronom immer noch über die asiatischen Weiten schallen.

Der Rotscheitel-Bartvogel ist in Indien das, was in Europa die Amsel und in Nordamerika die Wanderdrossel ist. Er erinnert uns daran, dass es neben der trubeligen Menschen- auch noch eine wilde, natürliche Welt gibt.

Hauptsächlich ruft das Männchen, aber nicht ausschließlich. Manchmal rufen Männchen und Weibchen auch durcheinander. Während des Rufens dreht sich der Vogel und schickt seine Botschaft so in alle Windrichtungen. Dadurch kann der rufende Vogel schwierig zu finden sein, was wahrscheinlich Sinn und Zweck des Ganzen ist. Oft sitzt er in einer Baumkrone, gerne auf einem abgestorbenen Ast.

Wer einmal einen Rotscheitel-Bartvogel sowie viele andere Waldvögel mit eigenen Augen sehen möchte, sollte nach einem Feigenbaum Ausschau halten, dessen Früchte bald reif sind. Rotscheitel-Bartvögel sind nicht sonderlich wählerisch, aber am liebsten essen sie Feigen, und davon viele. Die Feigenfülle der Tropen ist im wahrsten Sinne ein gefundenes Fressen für alle dort lebenden Vögel – und ihre Fans, denn mitunter haben Feigenbäume einen großen Einzugsbereich und locken Tiere von weit her an.

Wenn sich also Rotscheitel-Bartvögel eine Smartphone-Funktion wünschen könnten, wäre es vermutlich ein Feigenfinder.

WOCHE 44

Sumpfrohrsänger

Acrocephalus palustris

EUROPA; ÜBERWINTERT IM ÖSTLICHEN UND SÜDLICHEN AFRIKA, 13 cm

WENN ES EINEN VOGELGESANG GIBT, DER für die Üppigkeit und Fruchtbarkeit des hochsommerlichen Zentraleuropas steht, dann der des Sumpfrohrsängers. Nach seiner langen Anreise aus den Tropen Afrikas ist er eine der letzten Arten, die im Norden eintrifft. Der Sumpfrohrsänger schlägt seine Zelte oft erst im Juni auf und singt Tag und Nacht mit einer an Verrücktheit grenzenden Leidenschaft. Sein Gesang ist die Krönung des europäischen Morgenkonzerts und das letzte noch fehlende Teil des mittsommerlichen Geräuschkulissenpuzzles.

Was hat dieser Vogel also an dieser Stelle im Buch zu suchen, in Woche 44, in der die Tage im Norden immer kürzer werden und der Winter immer näher rückt? Nun, es ist ja nicht so, dass der Sumpfrohrsänger vom Antlitz der Erde verschwunden wäre. Er ist nur wieder ein Luftbürger Afrikas.

Der Sumpfrohrsänger ist ein transkontinentaler Zugvogel und überwintert im östlichen und südlichen Afrika. Tatsächlich verbringt er hier mehr Zeit als in seinen Brutgebieten. Eigentlich ist es also ein afrikanischer Vogel, der nur kurz zum Brüten einen Abstecher in den Norden macht.

Natürlich gibt es einen Grund dafür, dass ich den Sumpfrohrsänger ausgerechnet jetzt thematisiere, und zwar einen guten. Denn junge Sumpfrohrsänger sind zu dieser Jahreszeit noch damit beschäftigt, ihre Lieder zu lernen. Warum das bemerkenswert ist? Das, was den Sumpfrohrsänger so besonders macht, ist, dass sein Gesang wahrscheinlich zu 100 % aus Nachahmung besteht. Jede einzelne Silbe, die ein Exemplar von sich gibt, wurde aus seiner Umwelt als Jungvogel geklaut.

Wie wir bereits wissen, bedienen sich einige Arten der Nachahmung. Gartenspottdrossel (s. S. 121) und Graurücken-Leierschwanz (s. S. 131) sind gute Beispiele für die Praxis des Gesangsplagiats. Der Sumpfrohrsänger unterscheidet sich von ihnen aber insofern, als dass er seinen Gesang nicht nur in seinem Brutgebiet zusammenstellt, sondern auch in seinem Überwinterungsgebiet im tropischen Afrika. Junge Sumpfrohrsänger nehmen während der gesamten ersten acht Monate ihres Lebens Fragmente in ihren Gesang auf. Wenn ein Vogel also im Juli schlüpft, lernt er bis in den März oder April des Folgejahres hinein. Der Gesang ist pünktlich zu seiner ersten Brutsaison vervollständigt. Jetzt, zu dieser Jahreszeit, spickt er gerade sein Repertoire mit afrikanischen Vogellauten.

Das, was den Sumpfrohrsänger so besonders macht, ist, dass sein Gesang wahrscheinlich zu 100 % aus Nachahmung besteht.

Wer einem Sumpfrohrsänger lauscht, würde wahrscheinlich nie auf die Idee kommen, dass sein Gesang ein zusammengeklauter Flickenteppich ist. Die einzelnen Elemente fügen sich harmonisch zu einem lebhaften, plätschernden Geplapper zusammen, das hin und wieder von herrlich wilden und hektischen Ergüssen unterbrochen wird. Viele Motive werden mehrmals wiederholt, aber man weiß nie, was als Nächstes kommt – vielleicht weiß das nicht mal der Vogel selbst. Auch ohne das Hintergrundwissen über seine Herkunft wäre der Gesang eine wahre Ohrenfreude.

Vor einigen Jahren untersuchte die brillante belgische Ornithologin Françoise Dowsett-Lemaire Tonaufnahmen, um herauszufinden, welche und wie viele Arten sich im Gesang des Sumpfrohrsängers wiederfinden lassen. Ihre Ergebnisse waren erstaunlich: Die in belgischen Saumbiotopen und Sumpfgebieten aufgenommenen Gesänge von 30 Vögeln enthielten Fragmente von 99 europäischen und 113 afrikanischen Arten, unter letzteren Tauben, Nashornvögel und Zistensänger, kleine, braune und scheue Vögel. Die Verbreitungsgebiete mancher afrikanischen Arten waren so klein, dass Dowsett-Lemaire exakt ausmachen konnte, wo die einzelnen Sumpfrohrsänger überwintert hatten.

Durchschnittlich imitierte jeder Sumpfrohrsänger 76 unterschiedliche Vogelarten. Davon kamen durchschnittlich 45 aus Afrika und 31 aus Europa. Dieses Verhältnis könnte entweder widerspiegeln, dass die Vögel ihren Gesang länger in Afrika ausbilden, oder anzeigen, dass Afrika artenreicher ist. Genaue Rückschlüsse lassen sich nicht ziehen.

Aufnahmen von Sumpfrohrsängern zu untersuchen und nicht nur den Gesang europäischer, sondern auch afrikanischer Arten zu identifizieren, wobei letztere nicht einmal signifikant aufgrund ihres Lebensraums eingegrenzt werden können, erfordert Unmengen an Erfahrung und Fachwissen. Wenig überraschend also, dass bisher niemand Dowsett-Lemaires Arbeit weiterführen konnte. Es könnte sein, dass die Gesangsaneignung anderer nachahmender Langstrecken-Zugvögel wie Teichrohrsänger *(Acrocephalus scirpaceus)*, Schilfrohrsänger *(A. schoenobaenus)* und Buschrohrsänger *(A. dumetorum)* ähnlich funktioniert.

Während wir auf weitere Forschungsergebnisse warten, sollten wir dankbar für diese wunderbare Entdeckung sein. Und dafür, dass ein kleiner Vogel jetzt gerade in Afrika Gesänge erlernt, die er uns in ein paar Monaten im gemäßigten Europa präsentieren wird.

WOCHE 45

Kranich

Grus grus

NÖRDLICHES EURASIEN; ÜBERWINTERT TEILWEISE IN AFRIKA; INDIEN UND SÜDOSTASIEN, 95–120 cm

KRANICHE SINGEN NICHT, ABER SIE SIND durchaus musikalisch. Sie sind beeindruckende Solisten, und große Kranich-Schwärme sind ein wunderbares Schauspiel der Natur.

Vor einigen Jahren war ich an einem grauen Herbsttag im recht grauen Berlin unterwegs. Das Stadtzentrum war voller Menschen und Autos, alle waren auf sich selbst bedacht, hatten den Blick gesenkt. An einem Überweg schaltete die Ampel auf Rot, und die Menge der Wartenden begann zu wachsen. Unter diesen Wartenden war auch ich. Doch ich merkte auf, als ich über mir einen trompetenartigen Ruf hörte. Und als ich hochblickte, entdeckte ich einen Schwarm Kraniche, der in perfekter V-Formation und mit ruhigen, aber kraftvollen Flügelschlägen über die Gebäude und den Trubel der Stadt hinwegglitt. Weitere, leicht wehklagende Trompetenrufe ertönten, während ich den Schwarm beobachtete. Die Ampel schaltete auf Grün, und beschwingt überquerte ich die Straße.

Kraniche sind groß gewachsene Tiere und kommen in vielen Teilen der Welt vor. Sie staksen mit einer ihnen eigenen Eleganz über Wiesen und durch Gewässer. Sie sind extrem gesprächig, und ihr Körper weist eine ungewöhnliche Anpassung auf: Die Luftröhre windet sich um das Brustbein, wodurch sie überdurchschnittlich lang ist und den Ruf der Kraniche verstärkt (die Luftröhre des Schreikranichs, *Grus americana,* ist etwa 1,5 m lang). Wenn wir Menschen eine ähnlich lange Luftröhre hätten, würden wir ersticken, weil sich abgestandene Luft in den Windungen sammeln würde. Kraniche aber verfügen über wesentlich effizientere Lungen, und deshalb können sie diesen natürlichen Lautsprecher für ihre Rufe nutzen.

Und wie die Kraniche ihn nutzen. Paare rufen während der Balz im Duett. Sie bleiben ein Leben lang zusammen und rufen einander ständig etwas zu (gut möglich, dass sich mit den Beziehungsjahren der Meckeranteil erhöht). Wer nichts über dieses Duettverhalten weiß, könnte die perfekt aufeinander abgestimmten Rufe leicht für die Lautäußerungen eines einzelnen Tiers halten.

Die Luftröhre windet sich um das Brustbein, wodurch sie überdurchschnittlich lang ist und den Ruf der Kraniche verstärkt.

Aber so wunderbar diese Duette und auch die Kontaktlaute von Zugvögeln sein mögen: Sie reichen nicht an die Geräusche heran, die die Kraniche zu dieser Jahreszeit produzieren, wenn sie ihrer morgendlichen und abendlichen Routine folgen. In vielen Teilen ihres Überwinterungsgebiets sind Kraniche tagsüber auf Feldern zu finden, wo sie in Frankreich beispielsweise Kartoffeln oder in Spanien Getreide oder Eicheln fressen. Nachts hingegen ziehen sie sich zum Schlafen an sicherere Orte zurück und frequentieren Feuchtgebiete, wo sie mit ihren Füßen im Wasser oder auf Seeinseln rasten können. Dort sind sie vor Landraubtieren sicher. Um Raubvögel müssen sich die Kraniche aufgrund ihrer Größe keine Sorgen machen.

Dieses Verhalten führt dazu, dass die Kraniche im Herbst und Winter jeweils zur Dämmerung zwischen ihren Futter- und Schlafplätzen pendeln müssen. Ideale Kranich-Überwinterungsgebiete sind heiß begehrt, was bedeutet, dass oft riesige Schwärme mit Tausenden von Tieren diese Wege auf sich nehmen. An der Laguna de Gallocanta in Spanien beispielsweise können sich im November oder Februar bis zu 50.000 Kraniche tummeln.

Der Zug der Kraniche ist eins der größten Vogelspektakel der Welt. Wenig kommt daran heran, die eleganten Tiere in V-förmigen Schwärmen über den Himmel ziehen und dann langsam mit ausgebreiteten Flügeln und gestreckten Hälsen hinabgleiten zu sehen. Aber abgesehen vom Optischen sind es auch die Rufe der Vögel, die dieses Erlebnis zu etwas Besonderem machen. Tausende Vögel vereinen ihre ungewöhnlich lauten und ein wenig dem Trompeten von Elefanten gleichenden Rufe zu einem wahrhaften Getöse, das vielleicht keinen Preis in der Kategorie musikalisches Fingerspitzengefühl gewinnt, dafür aber tief in die Seele dringt.

WOCHE 46

Weißbürzelschama

Copsychus malabaricus

WEIT VERBREITET IN INDIEN UND SRI LANKA BIS SÜDOSTASIEN EINSCHL. INSELN, 22–27 cm

MAN STELLE SICH EINEN VOGEL VOR, DER SO hinreißend singt wie eine Nachtigall und dazu auch noch schön aussieht, und schon hat man den Weißbürzelschama (auch Schamadrossel genannt), die Nachtigall des Ostens. Während unsere Nachtigallen langweilig braun sind, schimmern und glänzen Kopf, Körper, Flügel und Schwanz des Weißbürzelschamas bläulich-schwarz, und seine Front erstrahlt in einem kräftigen Orangebraun. Auch die Form des Weißbürzelschamas fällt ins Auge, denn sein an der Unterseite weißer Schwanz ist lang und abgestuft, sodass er zur Spitze hin immer schmaler wird. Was aber Nachtigall und Weißbürzelschama gemein haben, ist ihr wunderbarer Gesang und die Angewohnheit, lieber für sich im dichten Gebüsch zu bleiben.

Der Gesang des Weißbürzelschamas ist melodiös, volltönend und abwechslungsreich, mit angenehmen Pausen, und er imitiert oft andere Vogelarten. Gesangsqualität und Repertoiregröße unterscheiden sich von Männchen zu Männchen. Auch die Weibchen singen, allerdings anscheinend nur in Anwesenheit eines Männchens.

Wenn es eine Art Weißbürzelschama-Gewerkschaft gäbe, würde diese wahrscheinlich schweren Herzens das große Gesangstalent ihrer Art beklagen. Denn all die genannten positiven Eigenschaften des Weißbürzelschamas machen ihn zu einem der beliebtesten Käfigvögel der Welt. Besonders in Südostasien ist er heiß begehrt, und sein wohlklingender Gesang plätschert durch die Straßen und verleiht dem menschlichen Alltag eine süße Note.

Menschen, die Weißbürzelschamas halten, erfreuen sich sehr an diesen, denn die Vögel singen auch in den oft kleinen Käfigen und trotz der ungewohnten Stadtumgebung. In Wohnungen begeistern sie die Menschen, indem sie Geräusche, zum Beispiel von Haushaltsgeräten, und menschliches Pfeifen nachmachen. In vielen Teilen Asiens gibt es gut besuchte und gut dotierte Weißbürzelschama-Gesangswettbewerbe, weshalb Exemplare mit guten Stimmen – und langen Schwänzen – einen hohen Marktwert haben. Das Halten von Weißbürzelschamas kann also eine Investition sein. Beispielsweise konnte ein für einen moderaten Preis erworbenes Tier 2021 beim President's Cup, einem wichtigen Vogelgesangswettbewerb in Indonesien, 80.000 US-Dollar gewinnen. Selbst ein Verkauf nach einem Gewinn bei einem weniger renommierten Wettbewerb könnte den Marktwert eines Vogels auf 20.000 US-Dollar steigern. Das sind Summen, die Leben verändern können.

In Wohnungen begeistern sie die Menschen, indem sie Geräusche, zum Beispiel von Haushaltsgeräten, und menschliches Pfeifen nachmachen.

Die Weißbürzelschamas bezahlen freilich einen ganz anderen Preis. Es gibt nämlich natürlich nicht nur die Menschen, die Vögel zu Wettbewerben bringen, sondern auch die Menschen, die diese Vögel fangen. In einigen Teilen ihres glücklicherweise großen Verbreitungsgebiets kommen inzwischen kaum noch Weißbürzelschamas vor. Auf Java beispielsweise sind sie selten geworden, in Singapur wird man keinen einzigen Vogel mehr finden.

Es ist sogar ein Brutprogramm mit in Gefangenschaft lebenden Vögeln im Gespräch, um die illegalen Fangpraktiken einzudämmen. Aktuell gibt es die Singvogelwettbewerbe, die als Haupttreiber des Handels mit Käfigvögeln gesehen werden können, in 19 Ländern.

In der 1000 Jahre währenden Geschichte des Weißbürzelschamas mit uns Menschen gibt es noch ein interessantes Detail, das ihm zur Berühmtheit verholfen hat: Eine Reihe unwahrscheinlicher Ereignisse hat dazu geführt, dass er womöglich der erste Vogel war, dessen Gesang aufgenommen wurde. Gemessen daran, dass es inzwischen Tonaufnahmen von fast allen 11.000 bekannten Vogelarten der Welt gibt, ist das durchaus bemerkenswert. Außerdem wurde die Aufnahme von einem achtjährigen Jungen erstellt. 1889 spielte Ludwig Koch mit einem frühen Edison-Phonographen und nahm unbewusst den Gesang eines in Gefangenschaft lebenden Weißbürzelschamas auf. Vielleicht gab es auch Versuche, die weiter zurücklagen, aber das ist der erste, von dem man weiß.

Ludwig Koch führte ein außergewöhnliches Leben. Er zeigte schon früh eine Begabung für das Geigenspiel und war in seiner späten Kindheit professioneller Sänger. Während des Ersten Weltkriegs arbeitete er für den deutschen Geheimdienst und später für die Regierung. Obwohl Koch Jude war, zählte Hermann Göring zum Kreis seiner Bewunderer. Dennoch floh er 1936 ins Vereinigte Königreich, wo er später als Tonaufnahmen-Pionier und Naturkundler einige Bekanntheit erlangte und regelmäßig ins Fernsehen und Radio eingeladen wurde. Aber es war die Tonaufnahme des Familienhaustiers in seinem Zuhause in Deutschland, die ihm und dem Weißbürzelschama einen Platz in der Kulturgeschichte gesichert hat.

WOCHE 47

Gelbbürzelkassike

Cacicus cela

NÖRDLICHES SÜDAMERIKA, HAUPTSÄCHLICH AMAZONIEN, 23–28 cm

ICH GLAUBE, WIR SIND UNS ALLE EINIG, DASS Passwörter der Fluch der modernen Welt sind – oder vielleicht eher die Tatsache, dass wir uns an sie erinnern müssen. Sie sind eine unserer Schwachstellen. Vögel hingegen können sich unmöglich mit Passwörtern herumschlagen müssen – oder? Doch. Mindestens eine Vogelart verwendet Passwörter und muss sie zu allem Überfluss auch noch aktuell halten. Das erfordert einige Gehirnleistung von der wunderbaren Gelbbürzelkassike.

Die Gelbbürzelkassike hat ein glänzend schwarz und strahlend gelb gefärbtes Gefieder. Manchen Menschen ist sie vielleicht aus Fernsehen und Internet bekannt, denn sie kommt gelegentlich in Filmen über Amazonien vor. Sie lebt den Großteil des Jahres in lauten und auffälligen Kolonien, die bis zu 250 Nester umfassen können, meist aber deutlich kleiner sind. Die Nester bestehen aus Gras und hängen von hohen Ästen herunter – eine sehr effektive Methode, um sich vor Raubtieren zu schützen.

Die Geräusche, die aus einer solchen Kolonie dringen, haben einen hohen Unterhaltungswert. Sie reichen von Miauen über Gurgeln und Keuchen bis hin zu Pfeiftönen. Und sie sind laut. Manche Exemplare sind auch gute Imitatoren. Allerdings ist es überaus schwierig, die Laute einer Kolonie vorherzusagen, denn jede Kolonie hat ihren eigenen Dialekt.

Inzwischen dürfte es relativ bekannt sein, dass viele Vogelarten, beziehungsweise die nah beieinander lebenden Männchen, Dialekte ausbilden (s. Dachsammer, S. 57). Aber es ist ungewöhnlich, dass Kolonien Dialekte haben, die sie von anderen Kolonien unterscheiden. Tatsächlich haben Gelbbürzelkassikenmännchen ein großes Repertoire und sind durchaus in der Lage, ihre eigenen Lieder zu singen (im Gegensatz zu den Dachsammern). Aber in der Brutsaison ist es unerlässlich, dass sie das ihrer Kolonie zugehörige Lied singen. Oder um es mit anderen Worten zu sagen: Um als Teil der Kolonie akzeptiert zu werden, brauchen sie das richtige Passwort.

Das ergibt Sinn. Die Männchen sind äußerst territorial, aber die Weibchen sind, nun, flatterhaft. Es hat also oberste Priorität, zu verhindern, dass Fremde eindringen und sich mit Weibchen paaren, die auf der Suche nach einem kleinen Abenteuer sind. Es zahlt sich aus, wenn die Männchen erkennen, ob ein Vogel zur Kolonie gehört – und der einfachste Weg, das herauszufinden, ist, das Passwort abzufragen. Wenn der Vogel die Prüfung nicht besteht, wird er vertrieben.

Wie wir alle wissen, sollten Passwörter regelmäßig aktualisiert werden, um unerlaubten Zugriffen vorzubeugen. Und erstaunlicherweise trifft das auch auf die Passwörter der Gelbbürzelkassikenkolonien zu. Damit das System funktionieren kann, müssen sich die Dialekte der Kolonien mit der Zeit ändern und tun es auch – und zwar von Jahr zu Jahr, manchmal aber auch in kürzeren Abständen. Alle, die in der Kolonie leben, müssen den neuen Dialekt lernen, sonst werden sie rausgeworfen.

Natürlich müssen die Kolonien auch Individuen austauschen, um Inzucht vorzubeugen. Es gibt also Vögel, die die Kolonie wechseln. Diese müssen den Dialekt ihrer neuen Kolonie schnell lernen und mit Neuerungen Schritt halten. Die Vögel verlernen aber ihren ursprünglichen Dialekt nicht. Studien ergaben, dass Kolonien, die sich nahe beieinander befinden, oft Liedtypen teilen. Je weiter sie voneinander entfernt sind, desto größer sind die sprachlichen Unterschiede.

Das Brutsystem der Gelbbürzelkassiken ist hierarchisch; dominante Männchen paaren sich also mit so vielen Weibchen wie möglich. Die vielen nichtdominanten Männchen dürfen offiziell nicht mit den Weibchen der Kolonie verkehren. Stattdessen warten sie, bis ein dominantes Männchen abgelenkt ist – beispielsweise, weil es zur Futtersuche aufbricht –, und nutzen dann die Chance, um ein Weibchen auf einen Paarungsast einzuladen.

Damit das System funktionieren kann, müssen sich die Dialekte der Kolonien mit der Zeit ändern und tun es auch – und zwar von Jahr zu Jahr, manchmal aber auch in kürzeren Abständen.

Manche dieser Männchen sind erfolgreich. Und das beweist etwas, das viele von uns schon vermutet haben dürften: Man sollte nicht allen vertrauen, die das Passwort kennen.

WOCHE 48

Kapturteltaube

Streptopelia capicola

ÖSTLICHES UND SÜDLICHES AFRIKA, 25 cm

ES MUSS INZWISCHEN TAUSENDE DOKUMENTATIONEN über die Tierwelt Afrikas geben. In den meisten geht es um die großen Legenden der Savanne: Elefanten, Löwen, Giraffen. Erfreulicherweise finden neuerdings auch weniger bekannte Arten wie Rüsselspringer und Schliefer sowie Geier und bunte, prachtvolle Vögel die ein oder andere Erwähnung.

Und es gibt ein paar Tiere, die in fast jeder dieser Dokumentation vorkommen, aber nie explizit benannt werden: Tauben. In Subsahara-Afrika sind sie allgegenwärtig, werden aber gerne übersehen. Manchmal sind sie im Bild, wenn ein Wasserloch mit Krokodilen gefilmt wird, die auf vierbeinige Pflanzenfresser warten, und flattern dann auf, wenn Mäuler zuschnappen, Wasser aufspritzt und der Tod eintritt. Auf jeden Fall aber sind sie im Hintergrund zu hören. Sie sind die ewigen Statisten.

Ich will niemanden überreden, einen Safari-Film über Kapturteltauben zu drehen. Es sind zugegebenermaßen nicht die aufregendsten Tiere. Aber sie sind wichtig für die Geräuschkulisse; sie gehören zum Soundtrack Afrikas. Die Tauben sind beim Rufen außergewöhnlich ausdauernd und scheinen zwischen Morgen- und Abenddämmerung kaum eine Pause zu machen, nicht mal während der heißen Mittagsstunden. Manchmal rufen sie auch mitten in der Nacht. Und Urlaubszeiten kennen sie auch nicht.

Dem Ruf dieser bestimmten Taubenart hört man die heißen, trockenen Lebensräume geradezu an. Er ist dreisilbig, wobei die mittlere Silbe betont wird: „cuk-CRRRR-cuk“. Das hilft dabei, sie von den ebenfalls zahlreichen Halbmondtauben *(Streptopelia semitorquata)* zu unterscheiden, welche einen sechssilbigen Ruf haben. Es gibt noch weitere Taubenarten im afrikanischen Busch, und alle gurren ein bisschen anders – man könnte es als den Morsecode der Taubenwelt bezeichnen.

Sie gehören zum Soundtrack Afrikas. Die Tauben sind beim Rufen außergewöhnlich ausdauernd und scheinen zwischen Morgen- und Abenddämmerung kaum eine Pause zu machen.

Die Taubenrufe könnte man auch noch in einem anderen Sinne als „heiß“ bezeichnen, denn die Männchen rufen nicht nur, um ihr Revier zu markieren und Weibchen anzulocken, sondern auch, um ihr Weibchen paarungsbereit zu halten. Die Weibchen werden von den Rufen der Männchen stimuliert beziehungsweise von ihrer eigenen Antwort auf die Rufe. Wenn sie antworten, schwellen ihre Eierstöcke an, um sich auf die Fortpflanzung vorzubereiten. Tauben haben eine starke Paarbindung und können lange, manchmal sogar ein Leben lang, zusammenbleiben. Sie haben die sympathische Angewohnheit, sich eng aneinanderzukuscheln und nichts weiter zu tun, als auf die nächste Safarigruppe zu warten.

Warum aber sind Tauben so häufig an Wasserlöchern anzutreffen? Das liegt daran, dass sie sich hauptsächlich von Körnern ernähren, die zwar nahrhaft, aber sehr trocken sind, weshalb sie viel Wasser zu sich nehmen müssen. Sie können sogar saugen, was in der Vogelwelt höchst ungewöhnlich ist. Die meisten anderen Vögel sammeln Wasser in ihrem Schnabel und müssen dann den Kopf nach hinten kippen, damit das Wasser ihren Hals hinabfließt. Tauben tun dies auch, aber sie können mit einem Mal viel mehr Wasser aufnehmen.

Das ist so etwas wie der Partytrick der Tauben. Außer ihnen sind dazu nur ein paar wenige Arten wie Papageien und finkenähnliche Vögel in der Lage. Aber wem sollen sie ihn vorführen, wenn der Fokus immer nur auf anderen Tieren liegt?

WOCHE 49

Hirtenmaina

Acridotheres tristis

ZENTRAL- UND SÜDASIEN;
EINGEFÜHRT IN VIELE REGIONEN, 23–25 cm

ES BESTEHEN KAUM ZWEIFEL, DASS DAS Hahnenkrähen der Vogelruf ist, den Menschen im Laufe ihrer Geschichte am häufigsten zu hören bekommen haben. Aber welcher Ruf belegt den zweiten Platz? Vielleicht die nicht zum Schweigen zu bringende Hirtenmaina? Sie kommt in einigen der bevölkerungsreichsten Regionen der Welt vor, darunter Indien, Südchina und Südostasien, und wurde nach Afrika und Australien sowie auf eine Reihe von tropischen Inseln eingeführt. Sie fühlt sich überall zu Hause, auch in Städten und Dörfern. Und wo sie vorkommt, ist sie dank ihrer lauten, leicht unzufrieden klingenden Stimme kaum zu überhören.

Hirtenmaina-Rufe eignen sich vielleicht nicht gerade als entspannende Hintergrundbeschallung, aber ein gewisses Flair ist ihnen nicht abzusprechen. Hirtenmainas können laut pfeifen, wie Papageien kreischen, knurrende und quietschende Rufe und sogar angenehme Flötentöne von sich geben. Ihr Lied besteht aus verschiedenen Rufen und wurde zum Beispiel als „hi-hi-chirka-chirka-chirka“ wiedergegeben – nur für einen ersten Eindruck. Für eine detailliertere Darstellung aller Variationen würde ich wohl mehrere Seiten dieses Buches brauchen.

Beschränken wir uns lieber darauf, dass sie alle sehr laut, schrill und quäkig klingen.

Hirtenmainas werden schon seit Jahrhunderten als Käfigvögel gehalten. Nicht etwa wegen der bereits beschriebenen Kakofonie, sondern wegen ihres Imitationstalents. Wie andere Mitglieder der Starenfamilie kann auch die Hirtenmaina eine Reihe von Geräuschen beeindruckend gut nachahmen, darunter Babygeschrei, Katzenmiauen, Telefonklingeln und menschliche Rede. Auf YouTube sind zahlreiche Beispiele zu finden.

Die Hirtenmaina kann eine Reihe von Geräuschen beeindruckend gut nachahmen, darunter Babygeschrei, Katzenmiauen, Telefonklingeln und menschliche Rede.

Aber nicht alle Menschen erfreuen sich an der Stimmkraft der Hirtenmaina, und besonders eine Eigenschaft lässt sie zur Geduldsprobe werden. Wenn ein Hirtenmainapaar laut ist und ein Hirtenmainaschwarm sehr laut ist, will man sich nur ungern vorstellen, wie sich Hunderte oder gar Tausende dieser Vögel auf einmal anhören. Für Menschen, die in der Nähe eines ihrer kommunalen Schlafplätze wohnen, ist das aber tagein, tagaus Realität – und manche von den Schlafplätzen sind das ganze Jahr über besetzt. Jeden Abend finden sich alle Hirtenmainas der Gegend zusammen und lassen sich in einem großen Laubbaum oder auf einem Gebäude wie einem Bahnhof oder einer Lagerhalle nieder, um zu schwatzen. Das geht etwa eine halbe Stunde so, während derer sie manchmal auch beeindruckende Flugmanöver vollführen. Der Geräuschpegel ist teilweise höher als der des umgebenden Verkehrslärms, und in ländlichen Gebieten kann er geradezu ohrenbetäubend sein. Nach Sonnenuntergang sind die Vögel eine Weile lang leise, aber nachts fangen sie manchmal an, quasi miteinander zu flüstern, woraus sich ein ausgewachsener Lärm entwickeln kann, bevor die Vögel sich wieder beruhigen und die aufgeweckten Menschen sich wieder hinlegen können. Auf Sanskrit wurde der Vogel auch „der Streitsüchtige" genannt.

Im Jahr 2000 wurde die Hirtenmaina plötzlich zum Vogel non grata – nicht wegen ihrer Schlafgewohnheiten, sondern weil sie als eingeführte Art so erfolgreich ist. Die IUCN Species Survival Commission (SSC) setzte den Vogel auf die Liste der 100 problematischsten invasiven Arten der Welt. Ebenso ergab eine Umfrage aus dem Jahr 2008, dass der Vogel an der Spitze der in Australien als problematisch angesehenen Arten steht, wo er gerne auch als Ratte der Lüfte bezeichnet wird. Außerhalb ihres natürlichen Verbreitungsgebiets kann die Hirtenmaina eine ernsthafte Bedrohung für einheimische Arten darstellen, insbesondere aufgrund ihrer Aggressivität in der Nähe von potenziellen Bruthöhlen. Außerdem ist sie eine Bedrohung für Nutzpflanzen.

Diese Probleme werden immer gravierender. In den letzten Jahren hat sich die Hirtenmaina in Portugal, Spanien, Israel, Florida und an anderen Orten verbreitet, und es gibt Anzeichen, dass sie in weitere Regionen vordringen und ihr vorlautes Stimmorgan mitbringen könnte. Sie will diesen zweiten Platz im Ranking der meistgehörten Vögel der Welt wirklich haben.

WOCHE 50

Weißnestsalangane

Aerodramus fuciphagus

INDONESIEN UND BORNEO, 11–12 cm

ICH HOFFE, MIT DIESEM BUCH KONNTE ICH darlegen, dass Vogellaute viele unterschiedliche Funktionen erfüllen. Aber eine Funktion, die wir noch nicht besprochen haben, ist die Echoortung, also die Ortung eines Objekts anhand zurückgeworfener Schallwellen (s. unten). Unter Vögeln ist diese Fähigkeit extrem selten; nur zwei Arten von Vögeln, die in dunklen Höhlen brüten, sind dazu in der Lage. Eine ist der Fettschwalm *(Steatornis caripensis),* eine seltene Art, die in Südamerika und in der Karibik vorkommt. Die andere sind die Salanganen, die wesentlich häufiger vorkommen. Zu den Salanganen gehören ungefähr zwölf Arten, die hauptsächlich in Asien leben. Die Weißnestsalangane dürfte abgesehen von der Echoortung vor allem dafür bekannt sein, dass ihre Nester für die traditionelle Schwalbennestersuppe verwendet werden.

Echoortung ist eine Form des Sonars. Ein Tier macht ein Geräusch, misst, wie lange es dauert, bis das Echo dieses Geräusches wieder bei ihm ankommt, und kann dadurch Objekte orten. Die bekanntesten Tiere mit dieser Fähigkeit sind wahrscheinlich Fledermäuse. Die Echoortung von Fledermäusen ist so gut, dass manche Exemplare ultradünnen Draht orten und ihn umfliegen können – und natürlich können sie in absoluter

Dunkelheit Fluginsekten fangen. Für eine effiziente Echoortung brauchen Fledermäuse ausreichend laute Ultraschallfrequenzen in einem Bereich von 30 bis 70 kHz, sie können aber auch bis auf 100 kHz hochgehen. Diese Frequenzen sind für Menschen längst nicht mehr hörbar.

Salanganen reichen daran nicht heran. Ihre Klicklaute haben eine Frequenz von 3 bis 10 kHz und können von Menschen gehört werden. Die niedrigen Frequenzen bedeuten, dass die Echoortung der Salanganen nicht sonderlich genau ist. Aber im Gegensatz zu Fledermäusen nutzen sie diese Fähigkeit auch nicht zur Jagd. Salanganen sind tagaktiv und jagen außerhalb ihrer Höhlen. Zur Jagd von Insekten verwenden sie ihre Sehfähigkeit; die Echoortung dient nur zur Orientierung innerhalb der Höhlensysteme, in denen sie jede Nacht schlafen und in denen sie während der Regenzeit nisten.

Zur Jagd von Insekten verwenden sie ihre Sehfähigkeit; die Echoortung dient nur zur Orientierung innerhalb der Höhlensysteme, in denen sie jede Nacht schlafen und in denen sie während der Regenzeit nisten.

Die niedrigen Frequenzen bedeuten auch, dass Salanganen nur Objekte wahrnehmen können, deren Durchmesser zwischen 4 und 20 mm liegt. Manche Arten verfügen über eine bessere Echoortung als andere. In jedem Fall reichen ihre Fähigkeiten für die Navigation in Höhlen aus und verhindern erstens, dass die Vögel im Dunkeln ineinander- und zweitens, dass sie gegen Felswände und Vorsprünge fliegen. Man nimmt außerdem an, dass sie ihre eigenen Nistplätze erkennen und die Topografie der umliegenden Nistwände wahrnehmen können.

Dass wir auf die Idee gekommen sind, Salanganennester zu essen, ist für mich eins der größten Mysterien der menschlichen Ernährungsgeschichte. Diese Nester – schalenförmig und selbsttragend – befinden sich nicht nur in dunklen Höhlen, oft nahe der Decke, wo sie sowohl schwierig zu finden als auch schwierig zu erreichen sind, sondern sie bestehen auch ausschließlich aus dem Speichel der Salanganen. Immerhin dürfte es für die „Ernte" praktisch gewesen sein, dass die Vögel in Kolonien nisten, und heutzutage nisten sie auch in Städten innerhalb von Gebäuden.

Die Nester erfreuen sich in der chinesischen Küche und Medizin seit Jahrhunderten größter Beliebtheit. Die Frage ist nur: Wer kam als Erstes auf die Idee, ein Salanganennest zu essen? In jedem Fall war diese Person da etwas auf der Spur, denn die Nester sind anscheinend äußerst nahrhaft und haben einen angenehmen, reichhaltigen Geschmack. Wenn diese erste mutige Person heute noch leben würde, wäre sie wahrscheinlich ziemlich reich: 500 Gramm getrocknete Salanganennester erzielen Preise von bis zu 10.000 US-Dollar.

Aber die Höhlen stinken, sind oft großzügig mit Vogelkot gefüllt und bieten auch einigen der gliedmaßenreichsten Wirbellosen der Welt ein Zuhause. Außerdem besteht, wie so oft bei Höhlen, Einsturzgefahr. Wer auch immer also auf die Idee kam, die Nester zu essen, muss über Superkräfte verfügt haben, die selbst die der Salanganen übersteigen.

WOCHE 51

Kanarengirlitz

Serinus canaria

ATLANTIKINSELN VOR NORDAFRIKA,
12–13 cm

DIE ERSTEN MENSCHEN, DIE AUF DEN Atlantikinseln vor Nordafrika, die heute als Kanarische Inseln bekannt sind, eintrafen, hatten wahrscheinlich keine Ahnung, wie bedeutsam dieses Treffen zwischen aufrecht gehendem Affen und kleinem Vogel sein würde. Bestimmt waren sie beeindruckt von dem Gesang der kleinen Finken, die auch auf Madeira und den Azoren vorkommen. Und das ist nur allzu verständlich, ist der Gesang doch angenehm perlend, eine lebhafte und variantenreiche Abfolge von Trillern, Zwitschern, Piepsen und sanften Summtönen. Er ist wie Balsam für die Seele.

Um es kurz zu machen: Der Gesang war so beliebt, dass der Kanarengirlitz im 16. Jahrhundert als Käfigsingvogel nach Europa gebracht wurde. Das war der Beginn seiner langen und immer noch andauernden Geschichte als Haustier. Durch Züchtung gibt es heute nicht mehr nur die ursprüngliche gelbe Variante, sondern alles zwischen Knallgelb und Rosa – außerdem sind die heutigen Vögel oft größer. Seit Jahrhunderten werden die verschiedenen Züchtungen bei Vogelschauen präsentiert.

Der Kanarengirlitz war einst aufgrund seiner Verfügbarkeit, Pflege- und Zuchtleichtigkeit sowie seiner Angewohnheit, unter allen Bedingungen zu singen, der beliebteste Käfigvogel der westlichen Welt. War er früher nur in Adelshäusern zu finden, wurde er später zum Vogel des Volkes.

Zu Beginn des 20. Jahrhunderts schlug der Kanarengirlitz beziehungsweise der Kanarienvogel, seine domestizierte Form, eine neue Karriere ein. Seit Langem wusste man im Bergbau um die Gefahr der Kohlenmonoxidvergiftung. Das tödliche Gas kann durch den Einsatz von Maschinen und Sprengstoffen sowie bei der Oxidation von Kohle entstehen. Kohlenmonoxid ist hochtödlich, aber für die menschliche Nase geruchlos. Die Bergleute kamen auf die Idee, Mäuse mit ins Bergwerk zu nehmen. Sie dachten, dass die Tiere aufgrund ihres schnelleren Stoffwechsels als Frühwarnsystem fungieren könnten. Später wurden zu diesem Zwecke Kanarienvögel eingesetzt. Vögel verfügen über eine viel effizientere Atmung als wir Menschen. Die Luft zirkuliert bei Vögeln während des Ein- und Ausatmens über eine Art Einbahnstraße. Kanarienvögel waren also ein empfindliches Warnsystem, und es fiel auf, wenn sie ihren Gesang einstellten. Kanarienvögel haben im Bergbau vielen Menschen das Leben gerettet und wurden noch bis 1986 in dieser Funktion genutzt.

Der Gesang war so beliebt, dass der Kanarengirlitz im 16. Jahrhundert als Käfigsingvogel nach Europa gebracht wurde. Das war der Beginn seiner langen und immer noch andauernden Geschichte als Haustier.

Wir haben dem Kanarengirlitz aber noch mehr zu verdanken, denn man kann mit Fug und Recht behaupten, dass die Vögel der Stammzelltherapie den Weg ebneten. Bis in die 1980er-Jahre nahm die Wissenschaft an, dass nach der Geburt keine Nervenzellen (Neuronen) im Gehirn und im Rest des Körpers mehr entstehen und die vorhandenen Nervenzellen sich während des restlichen Lebens nicht verändern. Aber dann sah sich

Fernando Nottebohm am Field Research Centre der Rockefeller University in Millbrook, New York, die Gehirne von Kanarengirlitzen an und wie sie auf Gesang reagierten. Er fand heraus, dass durch Vogelgesang Nervenzellen im Gehirn aktiviert wurden (sog. „song nuclei") und dass diese sich im Frühling vergrößerten. War es möglich, jedes Jahr neue Gehirnzellen wachsen zu lassen?

Nottebohm bewies seine Forschungen, indem er den Vögeln Desoxythymidin injizierte, eine chemische Verbindung, die dann in neu gebildete DNS-Stränge eingebaut wurde. Für seinen Versuch verwendete er eine radioaktive Version dieses Stoffes, und als er und sein Team die Vögel nach der Brutsaison sezierten, fanden sie tatsächlich einige radioaktive Neuronen in den Gehirnen, wodurch bewiesen war, dass diese neu gewachsen waren. Dies führte später zu der Entdeckung, dass auch wir Menschen in der Lage sind, in Stammzellen neue Neuronen zu produzieren und dass es also das Potenzial gibt, in geschädigtem Gewebe neue Zellen wachsen zu lassen. Schon jetzt wird Stammzelltherapie in Knochenmarktransplantationen verwendet. Die sich durch Stammzelltherapie eröffnenden Möglichkeiten sind bahnbrechend. Es könnte möglich sein, neurodegenerative Erkrankungen wie Parkinson, Alzheimer und Multiple Sklerose zu behandeln, Herzschäden zu heilen und die verheerende Wirkung von Diabetes einzudämmen. Die Stammzelltherapie wird das Leben von vielen Menschen besser machen.

Wenn das mal kein Grund ist, aus vollem Halse ein Liedchen zu trällern.

WOCHE 52

Kohlmeise

Parus major

EURASIEN UND NORDAFRIKA, 13–15 cm

FÜR DIE MEISTEN VON UNS IST WEIHNACHTEN vorüber, und Silvester steht vor der Tür. Man kann nicht davon ausgehen, dass die Vögel draußen vor dem Fenster diese Feiertage irgendwie zur Kenntnis nehmen würden. Aber das heißt nicht, dass es nicht auch für sie eine wichtige Zeit im Jahr wäre. Die Wintersonnenwende fällt jedes Jahr auf den 21. oder 22. Dezember (in der nördlichen Hemisphäre; in der südlichen Hemisphäre ist es natürlich die Sommersonnenwende), der deshalb der kürzeste (bzw. längste) Tag des Jahres ist.

Wer in Europa bei einem Winterspaziergang die Ohren spitzt, könnte etwas bemerkt haben. Vorausgesetzt, dass keine Winterstürme toben, gibt es einige Vögel, die gerade singen. Und dabei handelt es sich weder um Rotkehlchen noch um Singdrosseln (beide singen schon seit geraumer Zeit), sondern um einige Neulinge. Und die Kohlmeise könnte man als Sprecherin dieser Neulinge bezeichnen.

Die Kohlmeise ist keine Weltklasse-Sängerin, aber ihr Gesang ist beharrlich und fröhlich und kann die Laune an trüben Dezembertagen heben. Er ist eine Wiederholung von „Zi"- oder „Ti"-Tönen, manchmal als „Sitz i da", „Siehste mich" oder „Da sitz i" wiedergegeben. Die Kohlmeise beginnt ihren

Gesang schon im Dezember und lässt ihn im Januar anschwellen, bevor er dann im Februar, wenn die Männchen ihre Reviere einnehmen und verteidigen, fast pausenlos zu hören ist.

Trotz ihrer vielleicht geringen Lautstärke sind diese Töne im Mitt- und Spätwinter von großer Bedeutung. Sie mögen leise sein, aber ihre Konsequenzen sind gewaltig. Mit dem einsetzenden Gesang gehen nämlich einige wichtige innere Veränderungen einher.

Viele biologische Systeme sind an die Jahreszeiten gekoppelt und müssen dies auch sein. Es wäre beispielsweise katastrophal, wenn ein Vogel zu einer Jahreszeit brüten würde, in der es nicht genügend Futter gibt, oder wenn er sich zu spät in seine Überwinterungsgebiete aufmachen würde. Jeder Vogel braucht also so etwas wie eine innere Uhr – nicht nur für die Tageszeit, sondern auch für den Jahresverlauf. Das Wetter mag manchmal ein ganz guter Indikator sein, aber die Vögel wissen genauso gut wie wir, dass es eher unzuverlässig ist. Die einzige feste Größe für einen Vogel, der in stark von Jahreszeiten geprägten Breitengraden lebt, ist die Tageslänge (in den Tropen können Regenmengen ein guter Anhaltspunkt sein).

Interessanterweise sitzen die lichtempfindlichen Zellen, die dies ermöglichen, im Hypothalamus, in den Tiefen des Gehirns. Das Licht dringt nicht durch die Augen bis in diese Regionen vor, sondern durch Federn, Schädel und das umliegende Gewebe.

Wir wissen bereits, dass die Tage jetzt wieder beginnen, länger zu werden. Für die Vögel mag es noch ein bisschen früh sein, um dies zu bemerken, aber in ein paar Wochen werden auch sie Bescheid wissen. Denn Vogelgehirne sind in der Lage, Veränderungen der Tageslänge wahrzunehmen.

Interessanterweise sitzen die lichtempfindlichen Zellen, die dies ermöglichen, im Hypothalamus, in den Tiefen des Gehirns. Das Licht dringt nicht durch die Augen bis in diese Regionen vor, sondern durch Federn, Schädel und das umliegende Gewebe. Langwelliges, niederfrequentes rotes Licht spricht Fotorezeptoren an, also spezialisierte Zellen, die Licht wahrnehmen können. Diese Zellen geben über Nervenzellen Impulse an die Gehirnregion weiter, in der die Ausschüttung von Hormonen reguliert wird. Das wiederum setzt eine hormonelle Kettenreaktion in Gang, die verschiedene Körpermechanismen aktiviert. Dazu gehört auch das neuerliche Wachstum der Keimdrüsen, die bei den meisten Vögeln nach der Brutsaison zusammenschrumpfen.

Auch der Gesang wird aktiviert. Ein wichtiger Teil der hormonellen Kettenreaktion ist die Produktion von Testosteron. Je höher der Testosteronspiegel, desto mehr singt das Männchen – ob es will oder nicht. Das Testosteron wird noch wochenlang weiterfließen. Der Gesang wird zwar auch von Wetter und Temperatur beeinflusst, aber rückgängig kann man dieses Ingangsetzen nicht mehr machen.

Wer also im nördlichen Eurasien während der dunklen Jahreszeit eine Kohlmeise singen hört, erlebt etwas von großer Bedeutung. Ihr Gesang signalisiert den Jahreswechsel und dass sich das Rad der Jahreszeiten in eine Richtung dreht, die den meisten Menschen hier gefallen dürfte.

Index

Dank

Vielen Dank an meine Lektorin Tina Persaud, die dieses Projekt in die Wege geleitet hat, und an Lilly Phelan für ihre Mühen, die verschiedenen Fäden so effizient zusammenzuführen. Großer Dank gebührt außerdem Madeleine Floyd dafür, dass sie diese Essays mit ihren wunderbaren Illustrationen zum Leben erweckt hat.

Wann immer ich an einem Buch arbeite, schulde ich meiner Familie und besonders meiner Frau Carolyn größten Dank. Emmie und Sam: Ihr werdet beide aus dem Haus sein, wenn dieses Buch erscheint, und eure eigenen, aufregenden Wege in Richtung Mode und Musik gehen. Ich liebe euch alle.

Außerdem hatte ich das Glück, fantastische Mentoren und Kollegen zu haben, die mich auf verschiedene Weise dazu ermutigt haben, meiner Liebe zu Vogelgesang nachzugehen. Manche weilen nicht mehr unter uns, aber ich trage sie alle in meinem Herzen. Besonderer Dank gilt Ron Kettle, Jeffery Boswall, Jim Gulledge, Pat Sellar, Richard Ranft, Nigel Bewley, John Wyatt und meiner Mutter, Charmian Couzens.

Wir danken xeno-canto (xeno-canto.org) für die Bereitstellung einer offenen Plattform, auf der Naturaufnahmen geteilt werden können, und folgenden Menschen für ihre Beiträge:

James Lidster (526700, 528403), Simon Elliott (670607, 585770, 660388, 590432, 595646, 592609, 599064, 593412), Ted Floyd (589306, 171727, 368388), Geoffrey Monchaux (455189), Susanne Kuijpers (632170, 662788, 630117, 639563, 650636, 662356, 642477), Richard Webster (188828, 575058, 629330, 504149), Annette Hamann (358722), Hazel Reeves (658286), Andrew Spencer (33467, 33594, 122325, 22414, 72499, 547500), David Darrell-Lambert (476931), Peter Boesman (472721, 472767, 369104, 369018, 359519, 374956), Gabriel Leite (420914, 591731), David La Puma (364466), Frank Lambert (409007 182994), James Ray (570705), Tim Cockcroft (662581, 411728), Mike Fitzgerald (488177), Greg Mclachlan (357317), Samuel Levy (626027), Javier Garcia Saez (698384).

Alle in diesem Buch enthaltenen Aufnahmen können auf www.geschenkverlage.de/dergesangdervoegel und xeno-canto.org angehört werden.

First published in the United Kingdom in 2022 by
B.T. Batsford
43 Great Ormond Street
London WC1N 3HZ

An imprint of B.T. Batsford Holdings Ltd

Textnachweise: S. 69, aus: Aldo Leopold, Ein Jahr im Sand County. Aus dem Englischen übersetzt, kommentiert und mit einem Nachwort von Jürgen Brôcan, herausgegeben von Judith Schalansky © 2019 MSB Matthes & Seitz Berlin Verlagsgesellschaft mbH; S. 70, S. 86, aus: Henry David Thoreau, Tagebuch IV. Aus dem amerikanischen Englisch übersetzt und mit Anmerkungen versehen von Rainer G. Schmidt © 2019 MSB Matthes & Seitz Berlin Verlagsgesellschaft mbH (S. 271 und S. 306); S. 70, aus: Henry David Thoreau, Tagebuch V. Aus dem amerikanischen Englisch übersetzt und mit Anmerkungen versehen von Rainer G. Schmidt © 2022 MSB Matthes & Seitz Berlin Verlagsgesellschaft mbH (S. 268/69 und S. 251).

Lektorat: Ursula Kohaupt
Übersetzung: Vanessa Kreitlow. Die Arbeit der Übersetzerin am vorliegenden Text wurde vom Deutschen Übersetzerfonds gefördert.
Satz: Konstantin Wohofsky | wohofsky.net

© 2024 Groh Verlag.
Ein Imprint der Verlagsgruppe Droemer Knaur GmbH & Co. KG, München

MIX
Paper from responsible sources
FSC® C104723

Gesamtfertigung: Toppan Leefung Printing Ltd, China

GTIN 9783848502356
www.geschenkverlage.de

5 4 3 2 1